Be Calm

PROVEN TECHNIQUES TO STOP ANXIETY NOW

如何彻底解决内心的焦虑

〔美〕吉尔·P.韦伯　著　李晨阳　译

台海出版社

北京市版权局著作合同登记号：图字01-2020-5475

图书在版编目（CIP）数据

冷静冷静：如何彻底解决内心的焦虑 /（美）吉尔·P.韦伯著；李晨阳译. -- 北京：台海出版社，2020.12

书名原文：Be Calm: Proven Techniques to Stop Anxiety Now

ISBN 978-7-5168-2720-8

Ⅰ. ①冷… Ⅱ. ①吉… ②李… Ⅲ. ①焦虑—心理调节—通俗读物 Ⅳ. ①B842.6-49

中国版本图书馆CIP数据核字(2021)第233231号

冷静冷静：如何彻底解决内心的焦虑

著　　者：〔美〕吉尔·P.韦伯　　　　译　　者：李晨阳

出 版 人：蔡　旭　　　　　　　　　　封面设计：末末美书
责任编辑：徐　玥　　　　　　　　　　策划编辑：村　上　王斯文

出版发行：台海出版社
地　　址：北京市东城区景山东街20号　邮政编码：100009
电　　话：010-64041652（发行，邮购）
传　　真：010-84045799（总编室）
网　　址：http://www.taimeng.org.cn/thcbs/default.htm
E-mail：thcbs@126.com

经　　销：全国各地新华书店
印　　刷：北京昊鼎佳印印刷科技有限公司
本书如有破损、缺页、装订错误，请与本社联系调换

开　　本：880mm × 1230mm　　　　1/32
字　　数：165千字　　　　　　　　印　　张：8
版　　次：2020年12月第1版　　　　印　　次：2022年1月第1次印刷
书　　号：ISBN 978-7-5168-2720-8

定　　价：42.00元

快速入门指南

本书提供了多种策略和技巧，能够帮你有效减轻焦虑及其造成的不安症状。你选择的任何一种策略都可以帮助你从整体上缓解焦虑，但我会根据策略对应的症状类型，对策略进行分类。快速入门指南将引导你直接选择一组策略，它们可以帮助你处理焦虑症状的急性发作及其引发的状况。

症状类型一：感受

如果你感到情绪上或身体上存在强烈的焦虑症状，请翻阅第二章至第四章内容。

- 生气 / 易怒
- 悲伤
- 无助 / 绝望
- 失眠
- 情绪波动
- 心跳加速
- 呼吸困难
- 眩晕
- 胃部不适

症状类型二：行为

　　如果焦虑让你做了自己并不喜欢的事，并给你造成了麻烦，请阅读第五章至第七章。若焦虑导致你出现以下情况，本书这几章将会提供有效帮助。

- 回避过去喜欢的活动
- 回避某些人
- 频繁取消计划
- 以生病为由回避压力事件，例如演讲
- 感觉无法进行日常活动，例如开车去商店买东西
- 在引发焦虑的情境下表现得一反常态。例如，在聚会上不喜欢亲近朋友或不和朋友说话

症状类型三：想法

　　从第八章开始，你会发现有一些策略可以帮助你减少因焦虑而产生的错误或无用的想法。如果你现在就有这些感受，以下以思维为导向的策略将会对你有所帮助。

- 长期忧虑
- 思绪翻涌
- 灾难化的（最坏情况）思考
- 自我挫败的想法（例如，"我这方面很差劲，我还是放弃吧"）
- 不合理信念（例如，"如果我不开车回家检查烤箱，我的房子就会被烧毁"）

前言

　　每个人都有焦虑的时候。作为临床心理学家，在过去的十五年里，我一直从事治疗焦虑症患者的工作。

　　大多数人在使用本书介绍的心理工具之后，都会感到没有那么焦虑了。有些患者在使用这些方法后，虽然仍然会有担忧的想法，但是这些想法不会再对他们产生巨大的影响。因为，他们意识到，即使是在风大浪急的海面，他们也能漂浮而生，而不会被海浪卷入海底，他们必须为自己的生命奋力一搏。

　　然而，仍有部分患者不愿意接受治疗，认为没有什么方法能够减轻或减少他们的惊恐症状、回避行为或担忧的想法。症状获得改善的患者，通常有两个共同点：

　　1. 他们中的一部分人，无论年龄多小，都相信自己能够有所改善，会变得更好。

　　2. 他们愿意学习缓解焦虑的策略并付诸实践。

　　你可能并不符合本书中描述的全部症状，所以没有必要从头至尾一字不落地阅读，你可以根据实际情况，选择性地跳过某些章节。本书虽然不是一本心理学专业的学术书籍，却有很多实用的策略和指导来实施应用。

本书中的策略易于实施，并基于实证研究，已被证明有效性。本书中的策略源于认知行为疗法（CBT）、接纳承诺疗法（ACT）和正念训练。另外，本书中的患者案例是由多个不同的个案组合而成的，为保护隐私，患者姓名均为匿名。

请随身携带笔记本，以便在使用策略时随时记录你的感受和想法。笔记可以帮助你反思所学内容，回顾你所学的新技巧是如何帮助你更好地应对焦虑的。这些策略，你练习的越多，记下的想法越多，就会越快变成你应对焦虑时的本能反应。

一旦备好本子并且准备开始了，你就需要花点时间考虑一下自己的日程安排。思考一下你想要怎样、何时开始阅读本书，以及何时能够将书中的策略完全融入日常生活。如果你想要真正地快速掌握新技巧，每天的练习是必不可少的——即使每天只能抽出几分钟。关键是，你需要认真想一想，如何将本书的内容融入你的日常生活中。

如果你刚刚开始阅读本书，而且愿意深入其中，认真思考焦虑对生活产生的影响，那么阅读之后，你一定想越来越好。

振作起来，用心感受！你已经整装待发，准备开始应对焦虑，你会拥有更快乐、更充实的人生。

吉尔·P. 韦伯

目录

第十一章

未来之路：清单和注意事项

第十二章

坚强后盾：建立支持网络

后 记

第一章

焦虑充斥着你的生活吗

什么是焦虑

无论是你在徒步旅行的路上突然发现一条蛇，还是有一把枪指着你的头，又或者是面前出现对你的安全造成直接威胁的其他情况，都会触发你的应激反应——"战斗或逃跑"反应。

这种情况发生时，交感神经系统会释放大量激素，尤其是肾上腺素，压力激素会迅速引起你身体的一系列变化，如血压升高、心率加快、消化不良、视野狭窄、身体颤抖和肌肉紧张等。这一系列的身体变化是为了让你全力应对危险而产生的生理反应，这些变化瞬间产生，你唯一关注的就是如何生存下去。

适当的焦虑——就像遇到蛇或枪的情况——是正常的生理反应，它可以帮助我们准备好应对潜在的威胁。即使有些危险并不会危及生命，适当的焦虑仍然是有益的。

比如，一个学生需要在考试中取得一定的分数才能被医学院录取，他的焦虑感促使他努力学习，花大量时间去做练习，参加模拟考试，对于失败的恐惧感激励着他专注于目标，努力备考。

再举一个例子，一个人在繁忙的高速公路上开车时，看到相邻车道上的车急刹车，他就紧张到心率突然加快、血流量增加。心率的突然加快帮助他做好应激准备，如果情况紧急，他可以迅速驶向安全的地方。这些焦虑反应或许不能拯救我们的生命，但它们是具有适应性的，可以帮助事态顺利发展。

当一个人的应激反应（"战斗或逃跑"反应）由一些完全不具威胁性的因素触发时（不论是身体方面还是其他方面），这时焦虑便会成为问题。

比如，有人过分担心自己的身体状况，尽管体检结果显示一切正常，但是他依然觉得自己的健康存在问题。这种人无法与身边的人一起正常生活，因为他们总是担心自己的身体会出现或有或无的问题。以害怕使用公共浴室的人为例，为了不必面对这种焦虑带来的恐惧，他最终将拒绝所有的公务出差。如果公务出差是某项工作的必要条件，那么这个人的职业生涯就会被这种本质上并不合理的焦虑限制，甚至令职业生涯终止。

焦虑不仅仅是我们对身边发生的事情反应过度的问题；我们的焦虑反应也可能由只存在于大脑中的事物触发。

比如，我们总是担心和预测一些"假设性"和可能出现的

"最坏结果"，这些情况本不会发生，但是由于我们过于担忧，这些情况竟然真的发生了。再想想那些没有安全感的人，他们总是担心自己在社交场合做错事情或是尴尬不已，最终致使自己的社交圈越来越小。他们可能不会再参加社交活动，甚至也不会向老朋友敞开心扉。

如果你正在阅读本书，你可能正以某种方式对抗焦虑，但也心存疑问：焦虑对于自身来说是否是一个问题，或是焦虑对自己的影响到底有多大。有些常规方法可以用来评估你是否处于有问题的焦虑状态，或者你只是处于生活中偶然出现的正常恐惧状态。

当你处于具有危险性的环境，焦虑以一种暂时性的恐惧感出现时，它就是一种适应性反应。但是，当焦虑成为一种长期的紧张、忧虑或回避性行为时，它是不具适应性的，会对你的个人生活社会功能造成负面影响。

以下表格说明了正常的恐惧与有问题的焦虑之间的区别：

表 1-1　恐惧与焦虑的区别

恐惧	焦虑
指向现在，通常是合理的，是对于危险情况或事件做出的反应	指向未来，容易演变为不合理的状况，因为焦虑并不是基于真实事件，而是由想象力不断唤起的假设情景引发的
如同此刻房子着火了，你会想办法将火扑灭，一旦火扑灭了，你的恐惧就会随之消失	即使没有处于当下的危险之中，你依然感到忧虑和不安，而且当前并没有明显的威胁，也没有明确的方法来解决这种担忧
来自外界的真实威胁，例如：失业、医学诊断、爱人生病、身体可能受伤的危险、想在演讲或考试等特定任务中取得好成绩、想给新朋友留下好印象	在大多数情况下并不是由外界引起的，而是由大脑创造出来的，总是担心一些可能发生或可能不会发生的事情。例如：如果飞机坠毁怎么办、如果我被困在电影院里怎么办、如果他们讨厌我怎么办、如果我惊恐发作怎么办、如果我出丑了怎么办

如何应对焦虑

据美国焦虑症和抑郁症协会（ADAA）预测，美国有4000万人患有焦虑障碍，这是患者接受心理治疗的最常见原因。经过几十年的研究，我们了解到很多治疗焦虑障碍的知识。实际上，各种焦虑症状都对治疗有应答，经过治疗，患者的症状能够得到长期的缓解。本书集合了我在治疗实践中所用的一些方法，这些方法可以帮助人们缓解各种类型的焦虑症状。

本书提到的技巧主要源于经过科学检验并已被证明有效的三种干预措施。作为一名临床医生，同时也是一名焦虑障碍患者，我发现使用这些方法可以缓解焦虑，我相信你也可以。

研究和经验告诉我，审视自己的想法，接纳（不一定喜欢！）焦虑成为你生活中的一部分，并且学会更多的活在当下，是减轻焦虑的重要方法，它们能够帮助你过上更加平和的生活。

焦虑的想法是一种永无休止的循环，它会给患者带来更多的焦虑。我们将使用认知行为疗法来审视和改变自己的想法。从接纳承诺疗法中选取的策略将帮助你规律行事，无论你的情绪或焦虑症状如何，最终都能让你拥有更符合你的价值观和愿景的生活。

当你逐渐认识到我们每个人其实都会焦虑时，你就会发现自己是可以从与焦虑的缠斗中解脱出来的。借助每个章节的正念策略练习，你会开始活在当下。当你学会站在更远处更客观地注视焦虑时，哪怕只是轻微地拉开距离，你也会感到无力感减轻很多，更能从当下的生活中感受到愉悦与快乐。

神经元是可塑的

　　对抗焦虑可能会让我们意志消沉，想要放弃。很多与焦虑抗争的人认为他们生来就是焦虑的，因此对于焦虑感到无能为力。但现实是，周围的环境在不断变化，我们对新技能也在不断学习，改善焦虑、减轻焦虑并不是天方夜谭。

　　神经科学表明，大脑中神经元的生长和结构变化源于新的经历，以及思考和行为的变化。一个生活中的例子就是，假如你想要改变睡前吃零食的习惯，而你睡前吃薯片或饼干的习惯已经养成好多年了，现在你决定以吃几片蔬菜代替，并且制订好了计划，准备开始实施。但是，如果你只是一周或是几周才实施一次，那么这个习惯你基本不太可能改变。反之，如果你每晚都坚持吃蔬菜，或者每周绝大多数晚上都坚持吃蔬菜，那么你的大脑会做出调整，新习惯就会养成。

　　当你重复某种新行为的次数足够多（这种行为会不断激活

相同的神经通路）时，这种新体验就会在化学层面上成为你大脑中的一部分，这种现象叫作神经元可塑性，有时也称为大脑可塑性。

自我评估：我能战胜焦虑吗

和你具有相似焦虑症状或焦虑水平的人之所以能够战胜焦虑，很大程度上是因为他们相信自己能够做到。你需要意识到，自己是否传递了自我挫败的信息，就像是告诉自己，做再多的努力也不能减轻症状，仅仅是拥有这些想法，就会阻碍你的进步。

通过以下评估，你将看到自己有多大的信心做出改变，想要拥有内在平静的愿望有多强烈。如果你的回答多数是肯定的，那么就让我们来制订计划，让你提升摆脱焦虑的信心。

1.当有人告诉我，某种思考或行为方式有助于缓解焦虑的时候，我会充耳不闻，因为我觉得没有什么方法能缓解焦虑，或者认为这个人什么也不懂。□

2.如果我必须为了某事而努力，我就会觉得自己不太对劲。□

3. 我想要维持现状，但又对现在的处境不满意。☐

4. 我不相信通过学习和体验新经历能够改变性格中固有的、给我带来困扰的焦虑感。☐

5. 我所做的大部分事情都是为了生存和熬过每一天，而很少是因为我想要什么。☐

6. 我宁愿陷入焦虑，也不愿学习新的应对方法。☐

当你按照本书的策略进行实践时，你或许会开始相信，自己是有能力成长的。你要不时地重新进行这个评估，看看在相信自己的方面所取得的进步。随着时间的推移，你会为自己的成长感到惊讶和自豪。

本章小结

- 焦虑是面临威胁时正常的身体反应。

- 对于当前环境中的某些事物感到恐惧是具有适应性的。

- 想象可能会发生或可能不会发生的假设情景是不具适应性的。

- 治疗对于焦虑症是有效果的；你能够而且必将感到越来越好。

- 随着时间的推移，新的经历能够使大脑成长并发生结构性改变。

- 相信减轻焦虑是在你掌控之中的事情，相信努力就有收获，这一点很重要。你一定可以做到！

第二章

读懂焦虑：为何总是"我"

变化的三角形

想象一个三角形，一个角上写着"情绪"，另一个角上写着"行为"，第三个角上写着"思想"，它们代表着能够使焦虑症状得到改善的三大主要途径。

图 2-1　信念三角形

三角形中任何一角的变化都会影响另外两个角。如果你的情绪改变了，如学习了一些策略来缓解在社交场合的恐惧和焦虑，那么你的想法很可能也会改变（"当我平静下来不再焦虑时，我就可以专心交谈，人们也会喜欢我"），行为也同样（不再回避社交活动）。简单来说，如果你想做出改变，可以从三角形的任意一角开始。

　　在第二章至第四章中，我们将一同探索焦虑感，包括情绪上的（悲伤、愤怒、情绪波动、无助）和躯体上的（气短、心悸、失眠），只有深入了解了情绪是如何引发焦虑的，你才能运用更好的方法来控制情绪的变化，而非机械地克服或回避这种情绪变化。同时，才能更进一步重视由焦虑产生的压力给身体带来的负面作用，如消化问题、心跳加速、慢性头痛等。我们将要一同找出潜藏在焦虑背后的东西，它们可能是焦虑扰乱生活的关键所在。

我在压抑情绪吗

几年前我做了一个基因检测，来了解自己患癌症的风险有多高。在医生的督促指导下，我做了检测，因为医生认为要防患于未然。这一建议对我来说很有意义。鉴于我没有癌症的家族遗传史，我原本相信我是可以长寿的。

但是，当我得知自己有 80% 的风险患上乳腺癌时，我非常震惊（平均风险仅为 12%）。我还清楚地记得自己当时在想："不可能，一定是基因检测出问题了。"这个消息对我来说太沉重了，以至于我无法处理自己的情绪，干脆就把它推到一边置之不理。结果，我变得着魔般地专注于生活方方面面的消极想法之中。大部分晚上我根本睡不着觉，被各种各样的担心和假想压得喘不过气——我不愿承认心中的悲痛。直到我开始面对内心的脆弱，这种焦虑感才开始变得容易控制。

我们越是回避或是推开情绪，就会越焦虑。这种自我挫败的过程是一种后天习得的习惯，实际上会不断地加剧焦虑感，一方面是因为它会使焦虑的想法和焦虑驱动的行为增多，之所以会这样，是因为为了推开不想要的情绪，我们不得不持续地逃避；另一方面，这种回避本身也成了让我们焦虑的事情之一。

尽管我们尽了最大的努力，但哪怕只是一时放松了警惕，那些我们无法接受的情绪就会一拥而上，而我们会再一次焦急地想要将它们推开。在这个像旋转木马一样的循环中，最初的负面情绪没有得到处理，我们就仍会感到不安和过度警觉。

策略：自测——此刻你感觉如何

当你学会更好地识别自己的情绪时，你就能更好地控制它们。这意味着你会不太容易出现强烈的情绪反应，如惊恐发作、情绪崩溃、情绪失控、哭闹或担忧。另外，了解自己的情绪感受意味着你可以聚焦于实际问题，进而使自己感觉越来越好。当你感到不安或是发觉自己正在焦虑时，请使用以下表格来帮助自己辨认出隐藏在焦虑背后更深层次的感受，详见表 2-1。

表 2-1　情绪认知表

情绪	生理/身体感受	描述体验的标签	行为驱动	进化性意义
爱	身体平静；肌肉放松；宁静和幸福感	舒适感；安全感；亲密感；激情；性渴望	想要和这个人在一起；想要和对方建立联结；想要确保对方过得好	爱把夫妻、孩子、家庭和家族联系在一起，是人类关系的黏合剂
快乐	释放快乐激素；能量增加；躯体疼痛减少；身体兴奋	高兴；愉悦；快活；满足；驾驭感；沉醉在当下；不考虑未来或过去	想要微笑；大笑；想和其他人多多交流；想要多多展示自己	快乐是消极情绪的滋补品，激励我们去做一些更快乐的事情
愤怒	身体紧张；咬紧牙关；肌肉僵硬；体温升高；眼部有压迫感	感觉受到其他人或整个世界的不公平对待和不尊重；暴怒；愤怒；觉得自己不受重视	想要攻击或伤害他人；想要大喊大叫或扔东西	愤怒会提示身体通过身体力量、自我主张或设定边界来进行自我保护

（续表）

情绪	生理／身体感受	描述体验的标签	行为驱动	进化性意义
悲伤	感觉昏昏欲睡；没劲儿；想待着不动；很难移动身体	迷失；悲伤；无助；排斥；感觉挫败或不受欢迎；自我感觉糟糕	想哭，或者想坐在一个地方一动不动；缺乏动力；反复分析造成损失的原因	悲伤是有保护作用的，它会帮助个体记住失去的瞬间，避免在相似情况下重蹈覆辙
焦虑	大脑释放压力激素；肌肉紧张；坐立不安；心跳加速；出汗；呼吸急促；胃痛	担心或恐惧；感觉受到环境或一段关系中某些东西的威胁（害怕失去一段关系）；处于高度警惕的生存模式	敦促自己保持警惕；在脑海中重演事件；预测未来的事件；想要控制威胁；想要逃离或忙碌起来	焦虑会导致肾上腺素分泌增加，使身体进入高度戒备状态，做好行动和保护的准备

（续表）

情绪	生理/身体感受	描述体验的标签	行为驱动	进化性意义
负罪感	胃痛；肌肉酸痛；觉得身体不舒服	感觉自己是一个"坏"人；觉得自己具有破坏性；觉得自己应该受到惩罚	督促自己改正；做一个"更好的"人；自责	负罪感使人们遵守为保护人们而制定的社会法律和规范
羞愧	面部发热；脸颊泛红；胃部下沉	尴尬；羞愧；认为自己会被当作骗子曝光；害怕别人或大众发现自己的缺点	急着逃离现场；想让自己消失，隐藏自己	羞愧象征着个体在一个群体中的社会地位，使人想要迎合大众的期望

当你感受到强烈的情绪时，找到表达情绪的方法有助于渡过难关。那么，应采用什么策略来表达情绪呢？请往后读。

表达你自己

与他人交流内心感受的益处良多。比如，在我的治疗实践中，普遍发现患者刚来治疗时会感到不安或焦虑，但在治疗中，这些患者相互交流自己的内心感受，50 分钟的谈论过后，他们在离开时就会明显感觉好多了。

很多人经常说："这也太简单了，光是交流怎么能产生这么明显的效果呢？"答案就是：交流、为感受贴标签和表达的行为，可以将你的情绪信息从情绪脑转移到额叶，这有助于你更好地了解自己，更好地控制情绪，从而使自己整体上感觉更好。

选择一个你可以与之交流内心感受的人，在表达自己的同时尝试注视对方的眼睛，因为保持辅助性的目光交流有助于进一步舒缓你的神经系统。

通过与那些与你没有直接亲密关系的人交谈，可以舒缓情绪，这些人包括治疗专家或互助团体。甚至仅仅是和网上不认识的人聊天，就会让你感觉更被接纳，焦虑感有所减轻。

策略：发现你自己

当你已通过上文的表格了解了各种情绪，并准备开始谈论自己的情绪后，要在本子上记下最常出现的情绪，记录一到两种主要情绪即可。这不是考试，所以不用担心文体、用词或标点符号，只是简单地问自己以下几个问题：

1. 第一次出现这种情绪时，你年龄多大？

2. 当时是什么情形？这种情形和你现在所经历的情形有什么相似之处吗？

3. 你向别人表达过自己的感受吗？

4. 有人安慰过你吗？或者有人帮助过你理解自己的感受吗？

看看通过做记录，你是否会因为自我慈悲和自我接纳而感觉好一点。告诉自己："有这样的感受也没关系（你独特的情绪）。"看看你是否能让自己相信，出现这种情况的部分原因，在于你从来没有让自己反思并看到更深刻的情绪体验。

焦虑背后隐藏着什么

如果我们不表达负面情绪，它们就会内化——我们如果试图完全在内心层面化解苦恼，则会导致过度思考，会忍不住胡思乱想，直至深陷于负面情绪之中。如果找不到一个合适的释放出口，如同面临世界末日般的念头就会反复出现在我们的脑海里。

以赞德（Zander）为例，他是我在心理治疗实践中遇到的一个典型案例，他为自己所爱之人的离世而悲痛欲绝。他不断压抑痛苦而不表达感受，也不去面对自己所承受的悲伤。

也不知道为什么，赞德发现自己总是纠结于一些小事。比如爱人的医疗费用、葬礼，以及爱人离世后，自己以后应该怎么生活。随着时间的推移，他的世界变得越来越狭窄，他害怕出门，大部分时间都待在家里一遍又一遍地回想这些不好的事情。

另一个例子是瓦伦蒂娜（Valentina）。她离婚后，并没有表达出应有的愤怒、失落和悲伤，反而变得执着于关注自己的体重。她在脑海中不断回想自己当天吃了什么或没吃什么，计划下一顿吃什么，想象自己身材的变化，她让这些事充斥着大脑，以此来逃避离婚带来的创伤和痛苦。其实，这种回避只会加剧她在情感上的失落感，因此她会更执着于自己不健康的饮食模式。

如果你是一个长期处于焦虑状态的人，那么你很可能有压抑自己负面情绪的习惯。你可能意识到了自己的焦虑，但却不愿意去探究到底是什么导致了这种焦虑。尽管焦虑让人感到不舒服，但它仍然比管理愤怒、悲伤、羞耻或内疚这些具有威胁性的情绪来得容易。接下来，让我们一起看看应该如何开始处理负面情绪。

策略 1：探究愤怒

如果你正处于焦虑中，一旦觉得怒火再次爬上心头，你可能会使出浑身解数想要将其掐灭。其实，愤怒是一种具有适应性和进化性意义的情绪，它可以通过设定自我界限和加强主见，来帮我们实现自我保护。

操作方法：

1. 培养觉察愤怒的意识。当你的身体变紧绷，下巴收紧，或者心率加快时，要去感知它们。与其陷入焦虑的自动化恶性循环，不如问问自己"我现在可能在对抗什么情绪""我可能忽略了什么"，以及"我现在愤怒吗"。

2. 10分钟内，不要采取任何行动，不要让担忧分散自己的注意力，不要自我批判，试着忍耐当下感受到的愤怒。

3. 吸气和呼气，只是让自己觉察到愤怒的存在。

注意：觉察愤怒并不意味着你需要做出反应。我治疗的一位患者意识到当他开始生气时，他的下巴会绷紧。意识到这个愤怒的信号，是为了帮助他了解自己什么时候生气了，而不是任愤怒发展到自我毁灭的地步才后知后觉。

策略2：探究悲伤

焦虑时，我们中的许多人可能宁愿体会愤怒，也不愿面对悲伤带来的脆弱感。短暂冥想是一种可靠的方式，它能帮助你主动面对悲伤的情绪，感受它的存在，而不是被它弄得不知所措。根据自己的实际情况面对悲伤，有助于你渐渐地明白自己其实可以忍受悲伤，其实它对你的威胁并没有那么大。

操作方法：

1.舒适地坐下或躺下，闭上眼睛，随着每一次缓慢的吸气和呼气，把身体内部的紧张感释放出来。

2.邀请悲伤进入你的意识中，回顾那些让你感到悲伤的时刻或事件。再想一想，什么时候悲伤的感觉原本存在，但却被你忽视了。透过悲伤的视角，回顾一下自己的人际关系、生活经历、事业成就，以及其他境遇。

3.现在，做一个有耐心、有好奇心的观察者。比如，观察一下，悲伤藏在身体的哪个角落？你是否感到心里隐约有种难过？是否觉得自己脆弱到眼泪在眼眶里打转的程度？或许，你会发现自己想要大哭发泄，或是想要退却、逃离，抑或是内心充斥着紧张感与沉重感。

4.当脑海中回响起一种让你逃避悲伤的声音时，轻柔并直接地将你的注意力拉回到悲伤的感受上来。

5.回忆痛苦遭遇时，只表示你感受到了它，你不再需要隐藏和压抑它。在心里默默地说："我看到你了，悲伤，我感觉到你了，我会与你并肩作战。"

6.吸气时感受悲伤，呼气时释放悲伤，留意观察悲伤涌来时的感受，并注意到仅仅是通过观察就可以让它变得不那么强烈。

承认悲伤不可耻

我们为了弱化自己非常真实、非常平常的情绪，常会这样告诉自己："我的这种感觉很糟糕""我有负面情绪就意味着我很脆弱""我怎么了，我怎么会有这种感觉""我就是个失败者，因为我总是很不安"，或者"没有人会爱上我，因为我无法控制自己的情绪"。

当我们对情绪做出负面评价时，我们会经历双倍的情感痛苦。除了最初的受伤与难过之外，自己平静下来仔细想想，这些痛苦感受实际上毫无意义。

告诉自己是一个弱者这种行为，不仅不能帮助你，而且是一种变本加厉的自我折磨。

以我的患者塔尼莎（Tanisha）为例。塔尼莎小的时候，每当她因为伤心或生气情绪崩溃时，她的父母就会立刻把她打发到一边，冷漠地告诉她"要克服它"，而且说她"太敏感了"。最后，每次她感到受伤、孤独、不知所措或是自我怀疑的时候，她都会对自己说同样的话："你怎么了？""要自己克服，没人会在乎你！"或是"为什么你不能像其他人一样冷静，控制自己的情绪呢？"长此以往，成年后的塔尼莎积累了很多无法处理的负面情绪，并且以惊恐发作的方式爆发出来。

虽然我们无法彻底消除内心的愤怒和悲伤，但当出现这些负面情绪时，我们可以对它们更加宽容、更加友好。接下来的策略，可以帮助你放下对自己的评判，允许自己把情绪表露出来。

策略 1：评判愤怒

通过改变你对愤怒的联想或对它的评判，就可以让自己在情绪中感到更加自在。花点时间想想，哪些事物会让你联想到愤怒——是童年的回忆还是成年后的经历。

操作方法：

在本子上写下 4 ~ 5 个会让你联想到愤怒的特定词：

1. 它们分别是什么？

2. 你知道自己为什么把这些词和愤怒联系在一起吗？

3. 这些评判是从何而来的？

4. 是你从别人那里习得的，还是自己生气时亲身感受到的？

5. 那些使你联想到愤怒的事物大多是消极的吗？

6. 如果是消极的，又是为什么？

7. 哪个词会让你最先联想到愤怒？现在，想想它的反义词，这个反义词又与愤怒有什么关联呢？

很多人都会把愤怒与"失控""破坏性"等词汇联系在一起，而它们的反义词则包含了"积极性"或"有益性"等含义。

以合理的方式来表达愤怒是积极的、有益的，有助于我们设定自我界限，照顾好自己。

策略 2：评判悲伤

悲伤是一种由苦恼、排斥、挫败感、不被需要或不为人所爱引发的情绪。这些情况都会给人带来失落感，悲伤如果不加处理，拖得越久，你就会越焦虑。

无论多么悲伤，你都得承认，自己的确会因为错过或失去某些非常珍贵的东西而感到难过。

操作方法：

回忆 3 ～ 4 个你不愿承认感受到失落、痛苦、失败或排斥等负面情绪的具体事例。

1. 你是否对自己或他人诚实地说出了自己是多么难过？

2. 除了伤心难过，你是否也已经坠入了焦虑的旋涡？

3. 是什么让你不再想停留在悲痛中？

4. 你会怎样评判自己的悲伤情绪？

5. 从长远来看，逃避悲伤对你来说是有利还是有弊的？

短暂冥想：放下评判

应对焦虑非常关键的一点就是，你要学会观察自己的情绪，而不是立刻把它们推开。学会短暂冥想，站在更远处观察自己每时每刻都在不断变化的情绪。

操作方法：

安静舒适地坐下，闭上眼睛，注意呼吸节奏，有意识地将呼吸与自己的注意力结合起来，让自己的内在观察者慢慢看到内心浮现出的情绪或感受。

你的内在观察者是不做评判的，所以不会对你施加压力，只是让你按照自己的情绪行事，记下你所经历的事情。

比如，你的内在观察者也许记下了："胸闷""焦虑""忧虑"或"冷静"和"放松"。但如果你意识到内在观察者在做评判，就记下"判断"或"思考"。当你进行观察并为自己的状态贴上标签时，留意情绪是如何发生变化的，并继续观察和记录。

你所观察到的情绪没有对错之分，所以观察情绪状态需要保持冷静的头脑，接纳自我，一分不多，一分不少。

负面情绪 ≠ 坏的

我们的文化一直在给我们灌输这样的观念：幸福和成功是建立在从不经历痛苦的遭遇或情绪之上的。当然，我们时不时都会产生负面情绪。当处于负面情绪中时，会有一种挫败感，我们会觉得自己一定是在人生旅途中犯下了重大错误。否则，我们怎么会感觉如此糟糕呢？但因生活仍在继续，我们相信自己可以回避、逃离，或是在某种程度上"解决"这些困扰。

我们都感受过负面情绪，感受过焦虑的存在，没有人能幸免。即使不是焦虑障碍患者也会有焦虑的时候，这只是生活的一部分。接纳负面情绪意味着放弃对抗痛苦，意识到尽管可能觉得痛苦，但你是自由的，可以不受负面情绪的支配，这也意味着你要意识到并且相信，生活中经历负面情绪是正常的。

接纳生活现状及负面情绪，并不意味着你所接纳的事物是你想要的，也不意味着你要委屈自己终生与痛苦为伍。接纳并不意味着你是痛苦的受害者，或者痛苦会一直控制着你，也不意味着你一定要喜欢经历过的一切。实际上，接纳是这样一种信念——"如其所是"。

这就像小孩子喜欢玩的一种小型编织管状玩具——中国指套。当你把手指分别插进指套的两端后，尝试把手指拔出来时，却会"砰"的一声，突然发现自己的手指竟被卡住了。第一次玩这种玩具的人没有经验，第一反应就是想赶紧把手指拔出来，然后就使劲往外拔手指，可是他们越使劲想拔出手指，管子就会变得越紧，手指也被扣得越紧。于是，他们心里的恐惧感油然而生，甚至感到有一点恐慌。其实，解决办法是：把手指继续伸向管子的里面，管子就会变得稍微松一点，手指就可以很轻松地拔出来了。

从中国指套陷阱的例子可以看出，我们越是想要推开和回避痛苦，就会越害怕负面情绪。随着时间的推移，我们会变得完全不了解自己的情绪感受，即使身处快乐愉悦之中，也感受不到。我们不再活在当下，而只是麻木地生存着，浑浑噩噩，等待命运的差遣，这种危险的状态让我们在情绪认知上出现了盲点。就好像如果你只专注于弄走正在下沉的船里的水，可能就根本不会注意到身边那只用来脱险的救生圈。以我自身为例，我花了很长时间，终于接受了自己的确存在患上遗传性乳腺癌的风险，于是最终决定进行预防性乳房切除术与乳房重建术——

这个手术能够救我，但在接受自己的现状之前，我根本不敢看，连想都不敢想。

所以，情绪能够给我们提供有价值的信息和指导，因为情绪可以告诉我们，在生活中我们想要什么、不想要什么，我们对自己亲近的人有什么感觉，我们需要做些什么来完善自己，而接纳情绪，能够帮助我们获得美满的人生。

练习：让童年"重来"

我们大多数人在成长过程中，都学会了某些处理情绪的方式。我们会以父母的为人处世为榜样，他们会教我们一些应对负面情绪的方法，或者当我们遭遇挫折时，父母会以他们自己的方式来开导我们。我们从未质疑过这些方法的对错，甚至毕生对其深信不疑。

比如，我的一位患者胡安（Juan）发现，每当他感到沮丧时，他的父母都会告诉他，他状态很好，不用担心。虽然父母的本意是好的，但这只会让他感觉更加不安，因为他没有把困扰自己的事情说出来。其实，表达出来以后，他也就能走出当下的困境，得到真正的解脱。

花点时间想想，在成长过程中，你在情绪管理方面学会了什么，哪些是有益的，哪些是无益的，在本子上写下你想写的或那些让你产生共鸣的想法。

操作方法：

1. 你的抚养人会表露出情绪吗？他会哭还是会生气？还是他更倾向于把自己的情绪隐藏起来，尽量不表现出沮丧或悲伤的负面情绪？

2. 你觉得自己需要时时刻刻控制情绪吗？还是你感觉自己可能会情绪失控，所以在尽可能地控制自己？

3. 你的抚养人、教练或老师说过你"太敏感""太需要别人的帮助"或是"太情绪化"吗？

4. 在成长过程中，你的家人或抚养人是否觉得你是一个非常独立或成熟的孩子？你是不是经常听到有人说你是个"好女孩"或"好男孩"？你是否觉得自己和他们在一起时，并不能像个孩子一样？你是不是觉得自己不被允许表现得"情绪化"？

5. 想想在成长的过程中，你在家中有哪些快乐和幸福的回忆？抚养人在照顾你时会和你一起开怀大笑吗？他们注意到你的幸福感了吗？还是说压制了你的快乐？

6. 童年时如果你感到沮丧，你觉得自己可以开诚布公地对父母说出来吗？你觉得你的抚养人能感受到你的不安吗？他们是否会评判你的负面情绪，或是迫使你去"处理"负面情绪，反而让你徒增压力？你是否感到不能信任他们？

你需要找出自己童年时期习得的情感支持方式，与现在接纳自我情绪方式之间的关联，并试着去改变自己的情感支持方式，才能更加无条件地接纳自我。

策略 1：接纳练习

尽管接纳痛苦确实很难——不去回避或是抵抗它们——但如果不接纳，痛苦可能会远远超过面对真情实感时需要承受的程度。请你举出几个生活中不能接纳自己的亲身感受，进而导致面对更多负面情绪或是让自己情绪失控的事例。

操作方法：

当你回想这些事例时，请诚实地面对自己。你要承认，自己的第一反应的确是想要回避，回避那些最可能出现的情感——悲伤、愤怒、焦虑、内疚、羞愧、挫折和快乐。

再想一想回避情绪的结果。它增加你的焦虑感了吗？还是让你白白地情绪爆发，浪费精力？又或是逃避情绪会让你没有办法获得快乐和满足感？

策略 2：与不良情绪共处

很有可能你现在已经在回避负面情绪，因为你害怕感受它们，或者你并不知道如何感受它们。以下方法可以帮助你，而且只需要 10 分钟。

操作方法：

1. 设置一个 10 分钟的计时器，将你的意识带回到一种你想要逃避或压抑的情绪中。试着去回想，这样你就能马上感受到它。

2. 仔细观察自己身体的哪个部位感觉不舒服，记住这种感觉。当你的身体再次出现这种感觉的时候，看看自己是否能把它具体描述出来，欢迎这种情绪而不是对抗它。

3. 大声对自己说："欢迎你，很高兴你又出现了。"看看你是否能观察到这种感觉，就好像你在俯视一个与自己分离的实体。

4. 补充以下想法："我注意到一种＿＿＿＿＿＿＿的感觉正在向我袭来。"告诉自己："我在给你腾地方"，或者"我能体会到这种感觉，同时也感到我可以好起来"。

5. 当你能够让自己面对从前总是回避的感受时，请注意笼罩着自己的焦虑。这种焦虑感是正常的，因为你害怕这种情绪，而我要求你去感受它，所以你可能会感到害怕，但你仍然要面对这种情绪。告诉自己：我可以面对这种情绪，而且仍然会感觉自己的状态不错。

计时时间一到，便放下这种情绪，继续生活的脚步。

本章小结

- 所有情绪都是人们经历中正常的（而且是有益的）一部分。

- 一心只想推开负面情绪，只会增加焦虑感。

- 定期觉察自己的情绪，可以减少焦虑。

- 把情绪表达出来，可以减少焦虑。

- 接纳情绪，可以减少焦虑。

- 你能够直面负面情感，而且仍会感觉自己状态不错。

第三章

身心连接：焦虑的躯体症状

身体"背叛"了我

科尔（Cole）身体虚弱，总是感觉食欲不振、心跳加速、精神涣散、内心紧张、思绪万千、失眠多梦。这些是他描述的所有痛苦症状，这些症状让他十分不安。用科尔的话说，他觉得身体背叛了他，不受他的控制，他尝试了很多减轻焦虑的方法，但都无济于事。

焦虑经常会以某些身体上的症状表现出来。某种程度上说，这些焦虑带来的症状长年积压下来，最终会像大坝决堤，一发不可收拾，身体也会垮掉。对科尔来说，他出现的是剧烈心悸，头晕目眩，甚至昏倒；而其他人可能会有不同的表现，比如，极度疲劳，因为背部严重痉挛而不能开车，或者因为持续的头痛而无法集中注意力。对于这样的症状，一旦器质性原因被排除后，就可以开始抗焦虑治疗了。

在心理学实践中，我所遇到的类似科尔的患者最后通常会惊讶地发现，他们"唯一"的病症就是焦虑。比如，很长一段时间以来，科尔一直坚信，他真正痛苦的根源是某种特定的生理疾病，后来才发现并非如此。

焦虑影响大脑，大脑也会影响焦虑。换句话说，焦虑情绪影响我们的身体机能，身体机能也会反过来影响我们的情绪状态。所以，改善我们的整体身体机能和身体感知非常重要。最终，科尔通过学习观察自己的感受，学会了更好地照顾自己的身体，情绪缓和了，整个人也更加放松了。

策略 1：身体扫描

焦虑住在你的身体里。应对焦虑的诀窍就是不时调整自己的身体状态，这样你就可以更快地识别生理信号。这个练习的目的，是培养自己发现焦虑藏在身体哪个部位里的意识。

操作方法：

1. 选择一个你最舒服的姿势——躺下或坐着，睁着眼睛或者闭上眼睛。当你这样做的时候，不要去评判，只是观察此时此刻自己的感受。

2. 每次呼气，感受你的身体正在放松，因为你正在释放紧张感。要有意识地观察自己的注意力，当注意力转移的时候，要慢慢地把它引回来。

3. 一步一步，专注于自己身体的每一个部位，敞开心扉去面对当下的一切。说出身体的各个部位，想象呼吸的空气进入了这些部位，感受其中的变化，观察这些感觉紧张、劳累、疼痛或放松的部位：头……脖子……肩膀……手臂……手部……胸部……背部……腹部……大腿……小腿……脚……

当你完成这个练习后，在心里记下焦虑更容易停留在身体的哪个部位，这样你就能更快地定位到那个区域了。

策略 2：渐进式肌肉放松

当你注意到自己焦虑感加剧并且身体陷于紧张状态时，花 5~10 分钟进行渐进式肌肉放松。如果你晚上无法入睡或想要进行睡前放松，这一策略也会对你有所帮助。

操作方法：

舒服地躺下或坐着，依次收紧身体的每一块肌肉（脸、肩膀、手、手臂、胃、臀部、腿、脚），吸气，从 1 数到 5，然后呼气，从 1 数到 5，放松肌肉。当你进行练习的时候，要密切关注自己的肌肉处于紧张状态和放松状态时的不同。

重复练习几次，你就会发现自己的身体不再处于紧张状态，并会渐渐放松下来。

觉察：焦虑的躯体症状

　　由于遗传和长年累月的环境因素，身体的压力系统会给各种慢性疾病埋下隐患。遭受心理创伤、沮丧与哀恸、生活习惯的转变、习惯性忧虑和长期的完美主义，经年累月，这些压力会破坏内分泌系统，而肾上腺超负荷应对持续的压力，最终会不堪重负而停止运转。这样，身体就像坐过山车一样，在极度焦虑之后会突然感到精疲力竭，而极度疲劳会影响许多医学诊断结果。

　　焦虑也与应激激素和化学物质的释放有关。随着时间的推移，这些激素和化学物质会使病情恶化。比如，研究表明，压力和慢性疼痛可能与相同的神经通路有关。神经疼痛会增加神经递质垂体腺苷酸环化酶激活肽（PACAP）的分泌，大脑在面对压力时也会释放这种神经递质。换句话说，压力会导致或加重身体疼痛。

身体应对压力产生的生理反应，也会显著影响我们的心血管系统、消化系统、呼吸系统和内分泌系统。一项医学研究中，研究人员针对覆盖约 25 万名对象的 20 余项研究进行了分析，发现焦虑者罹患冠心病的风险升高了 26%，发生心源性猝死的风险升高了 48%。

我们的胃部和肠道会直接受到身体"战斗或逃跑"反应的影响。随着时间的推移，支配消化的神经可能会被过度激活，导致腹部不适，如肠易激综合征和胃部不适。虽然这些症状并不会危及生命，却会严重影响生活质量，而且很难控制。此外，若身体长期释放应激激素皮质醇，人们会更容易患上胃溃疡。

焦虑也常见于呼吸系统疾病患者，尤其是哮喘病和慢性阻塞性肺疾病（COPD）患者。恐惧和忧虑影响呼吸，从而加剧患病的痛苦。焦虑引起的应激反应也与偏头痛、类风湿关节炎、甲状腺功能亢进症、糖尿病和自身免疫性疾病有关。

然而，在治疗这些复杂疾病时，焦虑往往不被认为是一个重要的考量因素。而一旦忽视了焦虑，病症可能会变得更糟。所以，了解哪些症状与焦虑有关，并对焦虑加以干预，就可以全面改善你的生理机能和心理健康。

策略 1：你在讲述怎样的故事

焦虑和疾病之间关系密切。在这一策略中，我们要关注的是你如何描述自己的症状，以及焦虑是如何影响你的身体状态的。让我们来看一个案例。我的患者塞拉（Sierra）患有胃食管反流病（GERD）。这种病非常痛苦，发病时她根本不能专注于工作和家务。尽管吃了药，但是药物反应会让她的胸部灼热难耐，所以她晚上只能坐着睡觉，睡眠质量很差。塞拉开始接受心理治疗时，她已经看过许多胃肠科医生，但病情并没有得到缓解。所以当我向她讲述压力、焦虑和患病之间的关系时，她非常生气，觉得我根本不重视她真正的病情。经过一番谈话，尽管塞拉还是不相信除了药物治疗之外还有其他方法能够改善病情，但是她的态度已经缓和了许多。

之后，我们一起坚持治疗。她开始进行正念练习、改变饮食习惯、研究压力和身体健康之间的关系。最终，虽然疾病让她非常痛苦，但是她也意识到自己都是在经历压力事件后才发病的。她开始制定减压策略，每次焦虑发作时都会使用。尽管没有完全康复，但检查报告显示她的病情已减轻了大半。慢慢地，症状对她生活的影响也小多了。

觉察自己对身体状况拥有掌控力非常重要。更好地应对焦虑和压力，虽然不会根除你的身体疾病，但会提高你的生活质量。想想下面的几句话，并大声地朗读几遍，你说得越多，你就越不会受病症的支配。

操作方法：

1. 我相信我能或多或少地控制自己的身体症状。

2. 我相信，如果我的身体症状有所改善，其中应该有减轻焦虑的策略发挥的作用。

3. 我对自己身体状况的认知，会影响我的身体症状。

4. 锻炼可能会改善我的身体症状。

5. 我现在的生活质量是可以进一步提高的。

6. 我的医疗诊断结果（或身体症状）并不能完全由我掌控，但我仍要坚持过焦虑更少的生活。

7. 使用缓解压力的策略，好好照顾自己的身体，会让我的健康状况越来越好。

要相信这些话，这些话会激励你好好照顾自己，让你越来越健康。

策略 2：悦纳躯体症状

强迫性思维会让我们回避面对更深层次的情感。也许，我们会担心自己无力招架痛苦，或是痛苦会将我们压垮。

患者杰克（Jack）告诉我，他觉得如果不经常想想自己的躯体症状，就会感到极度无助和脆弱。如果他不关心自己的健康，也会有无效能感和无力感。过度关注身体和健康，可以让他感觉自己不再像一个受害者，从而重拾掌控感。

由于强迫性思维，杰克觉得自己总是该做些什么。这很难去体会和表达，但一旦杰克能够弄清楚他真正的恐惧，我们就能有效地帮助他降低脆弱感。我们的处理方法是：先了解他在改善身体健康上能做些什么，然后用接纳策略来处理剩下的问题。

杰克已能够觉察到焦虑的发作，他进一步做出努力去尽快地找出自己焦虑想法的来源。他每天坚持正念练习，定期锻炼，保持健康的饮食习惯，坚持呼吸放松练习，进行积极的自我对话，剩下的就交给他的医疗团队和命运了。

操作方法：

花几分钟想一想，并在本子上写下关于以下话题的内容。

如果你不再沉醉于自己的身体状况或症状中，那么你转而会想些什么呢？

借助强迫性思维，发掘出你可能正在回避或错过的东西，然后看看自己是否能借由这些更深层的情感，来与自我对话，并找到接纳它们的方法。记住，接纳不是服从，而是另一种全新的自我保护方法，它不同于你已经用过却没有效果的旧方法。

策略3：注意身体状况

准确地了解自己的身体状况非常重要，否则大脑会肆意做出各种令人担忧的联想，所以，借助适当的医疗辅助手段是必需的。如果未曾想到过这一点，那么可以考虑预约一位医生，给自己进行一次全面的身心检查。诚实地告诉医生你的身体状况，包括你正在与焦虑斗争，让医生给你做一次血液检查和甲状腺全面检查。

甲状腺失衡会诱发焦虑，而且需要借助适当的药物治疗。此外，一定要让医生检查你的维生素D水平，因为缺乏维生素D也会影响情绪和能量水平。在和医生讨论完检查结果后，在你的本子上记下三件事。

操作方法：

1.具体的病情。比如，高血压。

2.你打算如何进行药物治疗。比如，服用治疗高血压的药物。

3.你打算如何对焦虑进行干预。比如，辨识焦虑的诱因；每天进行15分钟的正念呼吸练习；每周锻炼四天；进行积极的自我对话（如：更好地控制焦虑会改善我的身体健康状况）。

照顾好自己：身心连接

我希望你回忆一下，你最后一次真正感到害怕是什么时候。当你害怕时，可能会出现心率加快、呼吸急促、出汗、发抖或紧张不安等症状。这些生理症状可能会加剧你原本的恐惧，思想与身体持续不断地相互激发促进。其实，如果你心境平和，或许反而能更好地应对疾病或身体上的挑战。

身心连接是非常有效的，你的焦虑症状很可能会因此有所改善，甚至是消失。只要你坚持好好照顾自己，保持健康的睡眠、锻炼和饮食习惯，通常就能够迅速缓解焦虑症状。

策略 1：养成良好的睡眠习惯

拥有良好的睡眠益处良多，尤其是对人的情绪、认知功能、身体所需能量和健康状况等方面。但是，焦虑通常会影响睡眠，焦虑症患者夜间醒来时常会突然感到侵入性的担忧，又或者醒得太早。

建立稳定的睡眠周期会在大脑中产生暗示，坚持一段时间养成习惯后，这些暗示便会提示我们是时候该休息放松了，但关键是要保持这个新的睡眠周期，这样你就会习惯于接收这些暗示。然后，你只需要坚持就会感到身心放松，晚上也会有阵阵睡意。

许多人都希望能轻松地进入良好的睡眠状态，其实中间有个过渡阶段：放松。拥有一个良好的睡眠习惯，可以帮助你进入放松、困倦的状态。尽力找到一个适合你的模式，或者就试试下面这一个。

操作方法：

1. 睡前一小时（最好是每晚的同一时间），开始你的就寝准备。

2. 关掉电子产品。把你的手机、平板电脑或笔记本电脑放在远离卧室的地方。

3. 洗个热水澡。

4. 换上睡衣。

5. 喝一杯不含咖啡因的热饮，如洋甘菊茶。

6. 做一些放松运动：进行深度呼吸的冥想练习，想象放松的画面，进行渐进式肌肉放松。

7. 舒舒服服地躺下，读小说或令人放松的书。

8. 你感觉有些困了，眼睛睁不动了，就把灯关上。

9. 你如果睡不着，不要想着"我为什么还睡不着"，要告诉自己"睡不着也没关系，至少我在休息"。如果你还是睡不着，那就再次试试渐进式肌肉放松。

10. 不要总想着几点了。即使你还是无法入睡，也不用担心，因为你依然可以利用这段时间让自己放松下来。

11. 每天早晨在同一时间起床。

12. 如果你前一天晚上没有睡好，也不要午睡或晚上早点睡觉来补觉，而是要每天坚持相同的节奏，逐步养成习惯。

正如我们所知，良好的睡眠习惯可能是改善情绪和焦虑最有效的方法。晚上有规律地逐步放松会暗示大脑平静下来，进入睡眠模式。所以，要从制定规律的睡眠时间开始。你也可以选择之前探讨过的助眠技巧，将其融入放松习惯中，每天晚上在大致相同的时间坚持这个习惯是非常重要的。

重要提示 ⫸

担忧之所以经常在夜晚出现，是因为我们白天太忙，以至于没有时间与自己的情绪相连。一到晚上关上灯，所有没有来得及梳理的烦心事就会一拥而上。为了解决这个问题，你要每天留出 30 分钟，我称之为"汇总烦恼时间"。拿出你的本子，把所有的烦恼都写在纸上：想想自己的感受怎么样，需要做什么，再想想前几天或前几周你都在担心什么。晚上关灯之后，你的脑子里就不要再想这些事情了。

策略 2：锻炼身体

焦虑需要释放，否则会越来越严重。在日常生活中增加定期锻炼会非常有效。坚持每周五天、每次 30 分钟的有氧运动，可以帮助你减轻压力，提高自尊，改善睡眠，改善生理机能和心理机能。锻炼后你会自我感觉良好，这意味着你可以应对焦虑，你也相信自己能够做到。

锻炼还能增加内啡肽激素的分泌，这是身体的天然止痛药，锻炼还可以减少压力激素皮质醇的分泌。所以，坚持锻炼是非常值得重视的！如果你觉得锻炼 30 分钟太久了，请记住，研究表明，即使只是 20 分钟的健步走，也能改善认知功能和情绪状态。

操作方法：

1.制订一个切实可行的锻炼计划，选择你喜欢的运动类型，这样会容易坚持下去。比如，每天步行15~20分钟，两周后，再慢慢增加运动时间或变成慢跑。但是你一定要和医生确认，对于你的身体状况来说，加强锻炼是否安全可行。

2.现在，写下你的锻炼目标——目标不分大小，因为身体进行任何运动都比不运动好。每次锻炼的时候，你的情绪状态都会得到改善，焦虑感也会减少。所以，告诫自己每天都要坚持锻炼。

3.感到极度焦虑时，请使用"10分钟疗法"。如果你感到焦虑，请马上开始10分钟的高强度运动——快步走、慢跑、蹦床弹跳、开合跳——运动后你的焦虑感会立刻减轻。进行短时间的力量训练也可以缓解焦虑和紧张。运动过程中，因为内啡肽的释放，你会感到自然放松。虽然内啡肽会慢慢消失，但10分钟疗法对极度焦虑确实会快速产生效果。

现在，想想你该如何规划，才能确保在本周坚持每天锻炼30分钟。不一定每天都在同一时间，但要记住：坚持做一件事，会让你更容易养成习惯。另外，照顾自己的身体，需要成为你生活中一项更重要的事情，你可能因此不得不放弃一些东西，或者把一些可能对你来说很重要的事情先放在一边。

然后，每天至少做 30 分钟的有氧运动，如慢跑、快走、骑自行车、徒步；或是做一些高强度运动，如踢足球、打篮球、和孩子们一起玩捉迷藏、健身课程。不管生活中发生什么状况，都要强迫自己坚持。即使你不想做，也要提醒自己，生活中没有什么比运动投资回报更大的了。

策略 3：调整营养

不要把食物仅仅看作生活中的享乐，也要看作能够改善情绪的一种手段。我们的目标是饮食多样化，多吃水果和蔬菜，把食品储藏室里所有的加工食品都处理掉，多吃各种营养品，少吃糖，这样的饮食有助于身体调节激素水平，也能直接影响情绪和能量水平。

操作方法：

1. 多喝水。我们的身体需要借助水来运转，如果身体机能不能正常运转，情绪就会受到影响。确保每天喝 8 ～ 10 杯水。当你感到极度焦虑时，给自己倒一大杯冰水喝下去，这将迅速改变你的生理机能，让大脑冷静下来，进而降低焦虑。

2. 减少咖啡因摄入。令人震惊的是，很多焦虑症患者也会喝很多含咖啡因的饮品，但问题是：咖啡因会增加焦虑。因此，饮食中减少或拒绝摄入咖啡因和其他令人兴奋的东西，会立即减轻你的焦虑感。要考虑在你的饮食中杜绝所有的咖啡因，如果刚开始感觉太难了，就先减半，然后慢慢减少。

3. 少抽烟和喝酒。短期来说，尼古丁和酒精会激活大脑的奖赏通路，但从长远来看，尼古丁和酒精会增加焦虑感。如果你经常喝酒或抽烟，试着戒酒或戒烟一段时间，看看感觉如何。对一些人来说，仅是烟酒习惯的转变就能治愈他们的过度焦虑。

4. 适当补充营养品。如果你的身体缺乏某种维生素（请咨询医生），那么服用某种特定补充剂可能会非常有益，如维生素 D 或复合维生素补充剂。

回归身体：行走中冥想

当我们焦虑时，各种担心的思虑会层出不穷。这可能会让我们深陷焦虑，从焦虑中解脱出来几分钟甚至都是不可能的。但是，如果我们将注意力转移到身体感知上，就有可能暂时不那么焦虑。

那么，如何将注意力转移到身体感知上？试着这样做。

操作方法：

想象你看着天空，专注地盯着一小片乌云。现在，转换视角，这样你就能看到整片天空，一眼望不到边。从这个角度看，乌云就显得不那么突出了。

同样，把你的注意力从一些焦虑的想法上转移到由这些焦虑想法所造成的身体感受上，这同样能够改变你观察问题的视角。

当你感觉自己深陷焦虑且越陷越深时，请观察自己的身体感受——胸闷、肩膀肌肉紧张、心跳加速，无论是什么症状——请全身心地关注它们，深呼吸，吸气，呼气。当你承认焦虑的存在（"我感觉到你了"或"你就在那里"）时，它很可能会变成另一种不同的感觉。你要意识到这些感觉是在告诉你，在此刻，你的生命充满活力。

策略：正念运动（步行冥想）

进行简单的正念步行冥想来让自己立足当下，不要有强迫性思维或减少强迫性思维的强度。你随时随地都可以进行正念运动——步行到车旁、步行去杂货店、在小区散步，或者步行去上班。

操作方法：

1. 走路时，不要过分关注脑中的想法，而要多关注自己的具体身体感受。比如，当你的脚抬起来或踩到地上时，你的脚有什么感觉？你运动起来的时候手臂有什么感觉？

2. 试着从身体内部感受这个世界。那是一种怎样的感觉？脚掌接触地面时是否感到沉重？你可以把这种感觉变得不那么沉重吗？

3. 探索每一种感觉。注意你皮肤的感受：空气是热的还是冷的？你呼吸时闻到什么味道了吗？

4. 只需要观察你所听到的声音，注意你所看到的事物，感受此时此刻的状态——感受自己的存在和清醒的状态。

5. 每走一步，要注意正念呼吸练习。当你吸气和呼气时，数数自己走的步数。吸气时走了多少步？呼气时走了多少步？注意将注意力保持在步伐和呼吸上。

每当你感觉自己的思想开小差时，悄悄地把你的注意力拉回到行走中观察身体的感觉上。不用着急，此时此刻最重要的是，意识到自己的身体正在这个空间中移动。

本章小结

- 焦虑影响身体，身体也影响焦虑。

- 学会辨别和观察（不要做出评判）焦虑在身体中的症状表现。

- 焦虑与多种疾病相关。

- 健康的睡眠、充足的营养和有规律的锻炼，通常能够改善焦虑症状。

- 进行身体感知练习，有助于降低焦虑程度。

第四章

对抗焦虑：坚持实践

假如策略变成习惯

著名神经心理学家唐纳德·赫布（Donald Hebb）观察到，"同一时间激活的神经元相互联结"。他指出，无论是学习一门新语言，还是反抗父母的虐待，随着时间的推移，重复的经历都会触发相同的神经元活动模式。

在某种程度上，只要一个细小的暗示就会触发这种活动模式，于是你可以预测，过去总是发生的事件现在也会发生。比如，当你看到远处有一个红色的圆圈时，你的大脑会自动将其标记为"停止信号"。可当你走近时，你发现它实际上只是一个带有红色圆圈的广告，但你的第一反应告诉你这可能是一个停止信号，所以你会马上减速或是放开原本踩油门的那只脚。因为旧的神经元激活模式在我们还没来得及思考时已快速启动，这意味着改变已自动化的习惯非常困难。

养成一个新习惯大约需要九十天，在这个过程中，差不多才有足够的时间来重塑大脑，形成新的思维模式。一开始，这一过程确实需要努力练习，但经过实践后，新的应对策略就会成为日常习惯的一部分。最后，你甚至都不用想应该怎样减轻焦虑，你会自然而然地以一种更平和的方式与自己相处，与世界相处。

　　这是你应得的！为了摆脱焦虑，获得你想要的内心安宁与平静，一定要坚持使用策略，努力实践。

缓解焦虑：规划与实践

以更开阔的思维，想想你的生活是如何组织安排的，这样你就可以开始考虑，你应该如何、何时将这些技巧融入你的日常生活中。

除了你的个人责任——工作、学习、志愿服务、育儿、社交、家庭义务方面——你还为自己做过些什么？当你有时间休息时，你是如何度过的？焦虑的人经常觉得自己没有固定的休息时间，因为他们总会受到其他人或事、日程安排或是焦虑症的影响。纵观人生大局，你不应该再以这样的方式生活了。你要寻找时机，有意识地规划一段时间来实践缓解焦虑的策略。

回顾你在前两章中学到的东西（看看你的笔记会有所帮助），确定一下，你想从哪些技巧开始实践？多长时间实践一次？一周实践几次或实践几天效果最好呢？你不必尝试所有的技巧，可以选两三个你比较感兴趣的开始，试着每天在同一时间、以相同的次数去练习对抗焦虑，坚持一段时间后就会形成习惯，暗示大脑加快"同一时间激活的神经元相互联结"的过程。

记录自己取得的进步适用于很多事情，如减肥或省钱。而且，记录本身也能减少焦虑。要想取得长足进步，你必须建立一个系统，每天记录你使用的策略及使用策略时的焦虑程度。

下面是一个快速、简便的示例，教你如何记录，也能让你每天有机会检验在第二章和第三章中学习到的所有策略。另外，一定要评估当天的焦虑程度，用 1 分到 10 分的分值来评估，1 分是完全放松，10 分是完全焦虑崩溃。比如，你可以创建这样一个表格（详见表 4-1）：

表 4-1　进步记录表

策略	星期一	星期二	星期三	星期四	星期五	星期六	星期日
你现在感觉怎么样					√		
表达自己							
探究愤怒	√						
探究悲伤				√			
评判愤怒							

（续表）

策略	星期一	星期二	星期三	星期四	星期五	星期六	星期日
评判悲伤							
不加评判（短暂冥想）						√	
接纳练习							
与难受的情绪共处（冥想）							
身体扫描						√	
渐进式肌肉放松							
你在讲述怎样的故事					√		
注意身体状况							
养成好的睡眠习惯							√
锻炼身体							
调整营养							
正念运动（步行冥想）							
评估焦虑（从1到10）	6	7	2	5	3	5	8

从 1 分到 10 分的评估是一种回顾并检验进步的有效方法。一开始你可能会打出很多 8 分甚至 10 分，但理想状态下，一个月后你会得到更多的 5 分甚至 4 分。

从一个小目标开始

我们之所以无法完成既定的目标，是因为我们告诉自己没有时间做出改变。如果你正在阅读本书，也许你花了许多时间去担心和焦虑，却没有用高质量的时间去做出有利于自己的改变。其实，你应该花点时间根据每天／每周的情况制定一个目标，来缓解焦虑。

也许你不愿向身边的人承认你想要缓解焦虑；也许你担心自己根本不会成功。

有时，尤其是刚开始的时候，你会说"我做不到"或是"我并不需要这样做"。如果你发现自己在说这些话，那可能是因为你在害怕失败。如果只是因为害怕失败而不去开始，那就深入地想一想，你要相信自己有能力改变，只要你相信自己，你就有能力并一定会从焦虑中解脱出来。

当你感到焦虑的时候，你可能会尝试着自我消化，实际上却很难做到。试着表达自己：告诉你信赖的朋友或家人，并获得他们的支持；分享一些你对抗焦虑的经历，以及你是如何努力让自己变得更好的，这会让你的目标更明确，增大成功的概率，增强自信心；你还可以加入你所在社区的抗焦虑互助团体，或定期让治疗专家面诊，这些都能帮助你对抗焦虑。

人们无法完成既定目标的另一个原因，是过早地要求自己达到太高的目标。以较小的目标为起点，然后构建规划。即使是做到一丁点改变，也能为越来越多的进步奠定基础。相信自己有能力及动力取得进步，信心会随着你每一次的成功和每一次策略在日程表上的落实而渐渐增强。

每日策略

从前面的表格中选择一个你感兴趣的策略，并将其应用到你这周的每日计划中。有效果的每日策略包括：练习接纳、不做评判、正念呼吸练习。在你应用这个策略之前，想象自己正在实践练习。比如，想象自己早起后，练习10分钟正念呼吸。想象之后，每天早上都要按时地实践这个策略。

每周策略

选择另一种策略，你可以在本周将其应用到日常活动中至少三次。这并不需要花费很长时间，为自己选择一个合理可行的策略即可。比如，本周你可以坚持快走或慢跑三次，每次 20 分钟，或与医生预约一次全面的体检，或实践"你在讲述怎样的故事"策略。

我的"抗焦虑日历"

　　购买一周或一个月的计划制订辅助软件，或者使用平板电脑或手机上的电子日历，看看当月的计划，如果你还没有付诸实践，就把计划写进你的工作、社交与家庭责任的任意部分中。

　　如果我们每天都教大脑去做我们想要养成的行为，就会更快形成习惯。从本章节中选择一个你愿意当月每天都使用的策略。

　　现在，设想一下你在接下来的数月中什么时候可能会感到焦虑，一周中有哪几天或一天中有哪些时间可能会感到特别焦虑，还是说有某些特定的事件，总是会引发焦虑。

　　在遇到触发焦虑的这些情况之前，先确定好应对策略，然后写一个你认为特别适合应对焦虑的策略。比如，如果工作中有一个会议让你倍感压力，那么你可以在会议当天的日历上标记出

"如实表达自己的感受"。或者，如果你有预感会被朋友或家人惹恼，你可以在拜访朋友或家人前练习"探究愤怒"的策略，这样你将会更容易觉察，也能更好地控制自己的愤怒。

打卡：习惯的巩固

大脑很容易回到过去的习惯模式中。防止故态复萌的一个非常有效的方法就是定期打卡，进行自我检查，并且想一想你正在尝试的新方法。

当你自我检查并进行打卡时，你可以评估一下在寻求平和生活的过程中，哪些事情进展顺利，哪些事情你可能忽略了，然后你可以重新开始，坚持下去。重塑大脑需要练习和时间。

反思，再反思

首先，每隔几天就反思一下自己的表现。当你感觉自己的症状有所改善时，可以改为每周反思一次，最后变成每月反思一次。反思的内容可以是以下这样的。

操作方法：

1. 你的每日目标有多成功？

2. 你的每周目标又有多成功？

3. 根据1分到10分的评分，你是否注意到自己的症状有所改善呢？

一开始，焦虑症状改善得可能并不明显，但只要你的焦虑程度有所降低，哪怕是从8分降到7分，也是一种进步。如果你并没有想象的那么成功，可以试试不同的策略，寻找其他方法，并且诚实地面对阻碍你取得更大进步的因素。不时提醒自己，你想要对抗焦虑，你有能力且一定会成功。

坚持住，才有进步

无论你做什么，请一定要承认自己获得的成功，而且为之鼓舞。我曾经和许多在应对焦虑上取得过很大进步的人合作过，他们一旦取得成就，就会将其弱化或不予理会。然而在他们忽略成功的同时，也会阻碍自己未来的进步。

比如，汉娜（Hannah）刚开始接受治疗时，无法从恐慌、忐忑不安和肌肉紧张中得到片刻放松。她总是忧心忡忡，不能感受到生活的美好，不能活在当下，更不用说享受生活了。后来，她决定找回对生活的掌控权，渐渐地，她的身心都变得更加放松了。汉娜把各种技巧融入她的日常生活中，慢慢地她的焦虑症状得到了改善。她开始重新工作，享受运动，欢度和朋友们在一起的时光。

有时她也会再次陷入恐慌，发现自己又陷入了当初的恍惚状态，那时她的注意力全都集中在她所担心的事情上，也让她陷入了自我批评的旋涡之中，突然感觉自己根本没有取得任何进步，然后就不再坚持那些能够让她缓解焦虑的策略。

进步之路不是一条平稳的直线，挫折是所有成长和变化过程中的一部分。任何养育过孩子的人都能回想起，让一个婴儿终于能够连续几周睡整觉是怎样艰难的过程。你以为那些不眠之夜已经过去了，然后，呃，宝宝又醒了。

然而，随着时间的推移，养成习惯的阻力会变得越来越小。最后，新的行为方式会习惯成自然。

本章小结

　　每隔几周，反思一下自己是从哪里开始的，提醒自己当初是什么样的，那种焦虑的生活是如何激励你采取行动来改善焦虑的。

　　摆脱焦虑的机会就在这里，敞开心扉，去享受你唾手可得的放松和平静。这是一项你值得进行的投资。

第五章

"两种"焦虑：回避与逃跑

两种行为模式：回避与逃跑

同样是下面的三角形，一个角上写着"情绪"，另一个角上写着"行为"，第三个角上写着"思想"，三角形任何一角的变化都会影响另外两个角。这种观点是本书所有策略的核心。

思想

情绪　　　　　　行为

图 5-1　信念三角形

在接下来的三章中，我们将关注焦虑行为，以及如何将其改变。

焦虑通常导致两种行为模式：回避和逃跑。这两种行为模式会让我们忍受，甚至完全避免接触那些让我们感到焦虑的事物。

减少触发焦虑的诱因，会让我们暂时感觉好一些。但回避和逃跑模式会造成一些隐患，比较严重的影响之一就是随着时间的推移，回避和逃跑的行为本身会增加焦虑感。

接下来这三章的内容，旨在帮助你减少焦虑驱动的行为。因为三角形上三个点是相互联系的，反过来，这也有助于减少焦虑的思想和情绪。比如，即使焦虑感告诉你要避免坐电梯，但是如果你每天都坚持坐电梯，你就会慢慢改变思想（"嘿，电梯根本没那么可怕"）和情绪（慢慢地，当你坐电梯的时候，就不会像原来那么恐惧了）。

用回避或逃跑行为来应对焦虑，会让你的世界变得越来越狭窄，最终甚至可能使你无法进行基本的日常交流。当我们探究解决回避或逃跑行为的策略时，我们将重点关注特定的自我挫败习惯，如勇于做害怕的事，接纳焦虑，增强对不确定性事物的接纳程度。

一个悖论：越逃避越恐惧

想象一下，在一个阳光明媚的日子里，站在一个美丽的游泳池前，泳池里的人都在游泳，充分享受着阳光。你穿好泳衣站在水边，就像已经准备好随时跳入水中，和他们一起游泳。但实际上，你却在犹豫。

是的，你很想跳进去游泳，想要享受一番，和其他人一起感受游泳的快乐。但与此同时，你又害怕泳池里的水太凉，所以你犹豫了。你看到别人在游泳池里尽情地嬉戏玩耍，你却站在一边，感到有些孤单，感觉与其他人格格不入。

你一会儿在一旁踱来踱去，一会儿又坐下来胡思乱想，觉得别人都在盯着你看，这时你的焦虑感就会增加，脑子里一直在想："我到底应不应该跳进去呢？"你一开始想的只是尽量不去碰冷水，此时你对泳池里冷水的恐惧感会更强烈。最后，你决定不游泳了。然后你就会马上放松下来，但紧接着又会感到不自在和被孤立。因为恐惧感已经占据了你的思绪，所以你做出回避的决定让你无法拥有快乐、积极和丰富的社交生活。

游泳池只是一个简单的例子。我们有很多方式来回避害怕的事物：犹豫不决、爽约、不履行承诺、用毫无意义的琐事来分散注意力、找借口为自己辩解等。

不再回避你所害怕的事物，意味着你要关注自己的感受，不仅仅是你决定回避的那一刻，也包括回避后更长一段时间内的感受。当然，回避会带来暂时的解脱——"我今天害怕面对我的老板……啊，我要打电话请病假……不用应付那个混蛋老板真是让我松了一口气！"这种暂时的解脱会让人们更想选择回避。但这种解脱几乎总是短暂的，新的焦虑马上如约而至，源源不断。

当你想到回避可能带来的后果时，那种貌似自由的甜蜜便会随着自我评判的想法而变得苦涩。你没去上班，老板会怎么看你？如果你被解雇了怎么办？你将如何赚钱养活自己？你的同事会责怪你不来上班吗？

处在焦虑中，你并不是在放松和享受假期，而是在脑海中不停地胡思乱想。最终，焦虑感会让你想要一直回避；然后你不仅那天不想去上班，第二天也不想去，甚至再过一天你可能还是不想去，此后你要面对的也许是源源不断的消极结果。

从短期来看，回避会让人觉得有一种安全感。但从长远来看，回避会给你带来真正的危险，而且会让你比以往任何时候都更焦虑。一定要记住，根本问题不是焦虑，而是你如何应对焦虑。

谁触发了"战"或"逃"

战斗或逃跑反应是在大脑的某个区域中产生的，这个区域通常被称为"爬行脑／脑干"。爬行脑／脑干作为我们身体中基础而简单的操作系统，很早就被进化出来了。我们在处理显而易见的危险之前，会在几毫秒内逃离（回避／逃跑）已察觉到的威胁或者原地不动。从进化的角度来看，这种"全或无"的即时反应是非常有效的，毕竟当遇到真正的威胁时，我们不想在细枝末节处浪费宝贵的时间。

然而，爬行动物般的反应并不能很好地帮助我们弄清楚怎样解决那些引发焦虑、但实际上并不具有威胁性的问题。在现代生活中，这类情况恰恰符合我们遇到焦虑问题时的大多数情境。即使是真正可怕的情况——比如，被不喜欢你的老板进行绩效评估——其实对你来说也不构成直接的威胁，但你的爬行脑／脑干并不知道这一点，可能就会让你对恐惧做出"战斗或逃跑"反应，这对你的职业生涯是不利的。

换句话说，即使真正的危险没有来临，战斗或逃跑反应也可能被触发。感觉到危险的信号一旦进入我们进化程度更高的"上层大脑"，我们就能够更理性地确定威胁的真正风险水平，制定解决问题的策略，进而采取战略行动。但是我们必须让这些信号能够传递到大脑，而不是仅仅搁浅在爬行脑/脑干中。

假如回避成为负担

现在请问问自己，对于那些并没有真正危险的事物，你是否会本能地回避或反应过度？如果停下来仔细想想，你可能会意识到其实也没什么大不了的。

一旦习惯于回避触发焦虑的事物或情况，你会觉得对自己来说，这些事物太难对付了，而实际上你是可以处理它们的。一味低估自己，只会让你的回避行为越来越多。处在误导人的思维中，焦虑的大脑可能严重低估了你的能力（更多内容详见第八章）。让我们一起来研究一下应该如何开始改变你的回避倾向。

策略 1：你在回避什么

正如我们所知，回避和逃跑只会带来更多的回避行为。回避行为周而复始持续存在，因为这是一种无意识的习惯。一个有用的方法就是有意识地弄清楚你在回避什么，这样你就不会再下意识地回避了。

花点时间回想一下你的回避模式。你只会回避那些给你带来麻烦的事情吗？线索表明，其实你也在逃避一些对你非常重要或有意义的事情。

操作方法：

回想自己是否有以下行为：

1. 老是说你会做某事，却没有坚持到底。

2. 拖延，即把一项任务拖到明天……后天……大后天……日复一日。

3. 为你做不到的一些事情辩解和找借口（如："闹钟没把我叫醒"）。

4. 把精力或时间浪费在一些琐碎的想法、任务和交际上，分散了你的注意力，没有做那些应该做或必须做的事情。

5. 经常告诉别人或自己，你身体不舒服，这是为什么你做不到某些事情的原因。

在本子上列出你想要回避的事情。集中注意力，看看你是否能在做出回避决定的那一刻及时制止自己，然后试着做出不同的选择！

策略 2：你为什么要回避

即使是一些不利于自我发展的、自我挫败的行为，如果它们能稍微产生一点积极作用，你也会继续做下去，甚至想要多做一些。人们一直吸烟是因为多巴胺能激活奖赏通路，尽管吸烟有害健康和寿命，但如果没有强烈的欲望做出改变，人们就会继续吸烟。

即使你想要停止这种行为，也要弄清楚到底是什么原因在强化你的回避倾向，这是非常重要的。

操作方法：

1. 当你每次回避自己在本子上列出的情况时，你有什么感觉？有些人说他们感觉很轻松，就像躲过了子弹，逃过一劫，又像是逃学没被发现，或者是真的避开了那些可怕的事物。

2. 你是否会为短暂的轻松庆祝，仿佛获奖了或取得了什么成就一样？然而谁是真正的赢家？

3. 你是否因不用置身于被拒绝、被反对或失败的风险中，而一再增加自己的回避行为？

4. 除此之外，你的回避行为还会因为什么原因，而变得越来越多？

回避的利与弊

回避只能暂时解决问题，长期下去却会引起越来越多的焦虑。尝试用写作练习来激发抵抗焦虑的动力，要关注长期有效的缓解方法，而不是那些效果短暂且会出现副作用的补救措施。

操作方法：

在本子上列出两种情况。

1. 回避的好处。要诚实地面对自己，写出最真实的情况，因为没有人会阅读你写的内容。写下你为什么要回避，以及当你这样做的时候会产生的积极情绪。试着在情感上把这些感觉联系起来，如压力的释放或摆脱了某事。

2. 不回避的好处。你会如何看待自己——不回避会让你增强自尊、自豪感，或是更自信、更坚强吗？你会实现怎样的目标——获得更大的快乐、更高的创造力、更亲密的友谊、更强的工作能力、更多的主动性吗？

　　现在，比较这两种情况，看看哪种情况对你来说更具有长远意义，让你之后感觉更好，并能帮助你实现更大的目标。现在就把你的目标设定在你想要实现的愿景上。

靶行为：从眼前开始

你想要减少或改变的行为，如问题性回避，就是心理学家所说的"靶行为/问题行为"，这些行为是我们准备干预的目标。靶行为/问题行为往往是一些没有实际意义，你却又一直在做的事情，即使它们对自己并没有什么好处。

患者杰西（Jase）害怕公开演讲，因此在工作中尽量避免任何形式的小组会议。事实上，他很了解自己的工作性质，也希望能通过公开演讲来展示自己的才能。首先，我们以杰西不想参加会议为靶行为，想减少并最终消除这种回避行为。起初，他同意至少会参加工作会议，但没有给自己必须演讲的压力。然后，他逐渐形成在会上提问的习惯，最后变成在小组内做出陈述或评论。慢慢地，他说得越来越多。

另一位患者阿丽莎（Alisha）非常担心男朋友会和她分手。为了防止预感的发生，她不断地向男朋友寻求安慰，让他保证会永远在她身边。就像毒品一样，她需要一次又一次的保证来寻求安慰。因为她想在这段关系中获得安全感，所以我们以她寻求安慰的倾向为靶行为。她同意将要求保证的频率减少25%，并保证只要熬过由此带来的极度焦虑感就行。这样，她就不用像突然戒掉毒瘾一样难受，而是可以一点点地适应。这么做的确见效了。阿丽莎开始意识到她能够应对自己的恐惧，甚至感到恐惧的次数也慢慢变少了。这让阿丽莎的男朋友也感到不那么疲惫了，反而更加体恤她了。

解决回避问题需要准确定位靶行为／问题行为。下表列出了一些示例，以及应该如何改变行为来实现这些目标。

表5-1　准确定位靶行为示例

目标	靶行为／问题行为改变
增加与人的社会交际／亲密程度	参加社交活动；在社交场合增加眼神交流
提高当众演讲的能力	每次工作会议，至少讲话3分钟：提出问题，发表评论，或者澄清一些事情
减少从伴侣那里要求保证的需求	学会忍受被抛弃的恐惧：进行积极的自我对话、深呼吸练习；寻求安慰的次数要减少（一天三次而不是四次，逐步开始减少）

（续表）

目标	靶行为 / 问题行为改变
减少胡思乱想	通过深呼吸和正念练习形成反思意识；在感到心烦意乱的时候和别人交谈，而不是只在脑海中想象独自处理困难
活在当下，参与生活	不吸毒，不喝酒；要知道自己什么时候在走神或做白日梦；多问问题；做一个善于倾听的人

策略：确定目标

根据你的目标，确定三四个你想要改变的靶行为 / 问题行为，它们会阻碍你实现更远大的目标。

操作方法：

1. 评估一下改变这些行为的难度。使用 1 分到 10 分来表示程度，1 分表示改变一点也不难，10 分表示几乎不可能改变。

2. 评估你改变这些行为的动力大小，使用相同的方法来评估。

选择一种并不太难改变，但却一直困扰你、促使你想要改变的行为。在使用 1–10 分的评分方法中，考虑 4–6 分的行为难度和 5 分或以上的动机强度即可。一旦你在一个目标上取得进展，动力就会越来越强，你就可以按自己的想法做出更多改变。

我们为何会"逃跑"

当我们回避时，我们会转为幕后者来逃避害怕面对的事物。我们会提前计划，想要完全消除触发恐惧的情况。逃跑则与此不同。当我们碰到触发点的那一刻时，我们会瞬间感到极度焦虑。之后我们做的任何事情，都是为了摆脱焦虑。想象一下，如果你触到一个电器，突然受到电击，你会怎么做？你会立即把手抽开。你没办法提前回避这种电击，但你确实逃过一劫了，并将不舒服最小化了。

比如，如果你有人群恐惧症，那么你可能大部分时间都像待在泡泡里一样，与他人隔开距离。但是，如果出于某种原因，你预判错误，突然发现自己在博物馆接待处一个拥挤的角落里，恐惧感蜂拥而上，你心跳加速，脸颊发红，浑身颤抖，战战兢兢，你甚至觉得自己要昏倒了或心脏病发作了。就像火灾警报一样，这些恐慌的出现会让你立刻想找借口逃跑。

正如我们所知，对于慢性焦虑的人来说，在真正紧急情况下的适应性生存反应，可能成为一种有害的模式，用来在并没有威胁存在的情况下，让自己逃避不舒服的感觉。处于焦虑状态时，一个人会发现自己完全处于逃跑模式中，而这种逃跑模式在某些温和的情景中完全没有必要——如购物中心、电影院、开车、聚会、家庭活动、工作会议、医生预约等。靠逃跑行为屈服于惊恐和恐惧意味着你无法发现新事物，因为你永远都不知道你害怕的事情是否真的会发生。

策略 1：控制战斗或逃跑反应

一头狮子攻击你时，你会敢于从高墙上跳下来，冲向迎面的车流，撞穿一扇滑动的玻璃门——做任何你必须让自己活下来的事情。但我们大多数人很少会遇到真正危及生命的情况。其他时候，当让你感到害怕但不会造成真正威胁的情况发生时，如果你能长时间控制住"战斗或逃跑"反应，让你的"上层大脑"发挥分析能力，你就能做出更准确的风险评估。

以下是三个快速简单的方法，能帮助你减少生理唤醒和兴奋——呼吸急促、心率加快、出汗、颤抖——它们可能会伴随惊恐和焦虑发作一同出现。

操作方法：

1.慢慢地深呼吸，感觉你的胸部完全隆起。每次呼气时，持续时间要比前一次长一点。

2.如果你太紧张而不能深呼吸，数一下自己的呼吸。数数有助于分散大脑对焦虑的注意力。吸气时数1，呼气时数2，以此类推，直到数到20。然后再从1开始，重复几次，焦虑感便会开始减弱。

3.如果深呼吸不起作用，请把手放在心脏的位置，注意心脏跳动的节奏。试试能不能通过深呼吸使心跳慢下来。把你所有的注意力放在观察心跳的节奏上——咚……咚……

策略 2：去做让你感到恐惧的事情

我们之所以会强化逃跑行为，是因为我们从不让自己在诱发恐惧感的情景下停留足够长的时间，去亲自看看那个让人焦虑的真实情景是否和自己预期的一样。测试恐惧的唯一方法是把自己置于通常想要逃跑的情境中，看看预期是否符合实际。起初这样做可能会让你感觉很不舒服，但从长远来看，这样做可以减少焦虑和逃跑行为。

操作方法：

1.拿出本子，写下那些通常会让你想要逃跑的情景。比如，开车。

2.在每种情况的旁边，写下你认为如果自己一直处于这种情景下，并且没有逃跑，会发生什么。比如，"如果我在心悸和呼吸急促时继续开车，我会被吓到，发生车祸"。

3.从1-10分，评估你认为列出的每一种情景发生的可能性（1分是根本不可能，10分是极有可能）。

4.现在，从列表中选择一个中等难度的情景，不是非常困难，但足以让你感到痛苦和挑战性。你要有意识地把自己置身于这种情景中，看看自己是不是能比想象中更好地应对。

5.先坚持一小段时间，然后再逐步延长。记得在练习中运用深呼吸训练（使用"控制战斗或逃跑反应"策略）。相信自己有能力而且可以战胜恐惧。

6.写下你的目标（我们将继续使用前面的示例）。现在去开车，即使在惊恐发作后（心跳加快、呼吸急促、感觉颤抖），也要继续驾驶15分钟。运用有意识的呼吸来放慢呼吸节奏和心率，这样"上层大脑"就能感觉到你实际上是安全的。

7.坚持下来之后，问问自己以下几个问题：

（1）你预测的情况发生了吗？（"没有"）

（2）有什么证据表明预测情况发生了或没有发生？（"我感觉心跳加快，呼吸急促，但还是继续驾驶了 15 分钟""我没有撞车"）

（3）你从这次经历中学到了什么？（"我感到焦虑，但仍然可以安全驾驶"）

"未知"不可怕

　　还记得孩童时期玩的神奇八号球吗？对着球问任何问题，随机摇一摇，便有了答案！也许一个漂浮在水中的三角形，就是给你的回答。如果神奇八号球真的有用，我们就不会患焦虑症，因为它总能告诉我们接下来会发生什么，这样一来，我们就永远不会遇到不确定的事件。

　　研究表明，长期患有焦虑障碍的人很难应对不确定性事件，即未知的结果。过度思考——对过去的事件或未来可能的结果考虑过多——是弥合不确定性差距的一种方法。当我们不知道将要发生什么时，大脑就会做出一系列的假设，让我们觉得自己知道的比实际要多。比如，每年一次的去看医生做血液检查。从预约到收到结果之前，接受检查的人会想象各种可能，并在脑海里不断想象可能出现的负面结果。他们甚至想到了各种可能的诊断和疾病的治疗方案。

这种忧虑和反复思考的问题在于焦虑的想法不太理性，往往会产生最坏的设想，但实际上不太可能发生。所以，虽然设想出坏结果可能会在短期内让你感到心里踏实，但随着时间的推移，它只会让你越来越焦虑。

人在面对不确定的情景时，会倾向于做出非理性的打算，即让自己承担更多的责任。当我们开始担心的时候，会从中获得一种安全感。但是不管我们是否每时每刻都在想血液检查的结果，结果都不会改变。奇怪的是，当结果显示一切正常时，人们会有一种非理性倾向，认为所有的担忧都产生了影响。然后，不确定性再一次出现时，我们又会产生担忧，以弥合我们的认识差距。

就好像我们说的，"如果我不担心这个，那么一旦有不好的事情发生，就是我的错"。尽管这种压力很大，我们依然焦虑，认为它会让事情变得好起来，而实际上它只会增加我们的焦虑。所以我们会一遍又一遍地查收电子邮件，以确保没有遗漏任何信息。我们会再三检查煤气灶是不是关了，会每次出门时检查门是不是锁上了。我们不断地寻求确认，问自己和身边的人：

"你还爱我吗？"

"我已经尽力了吗？"

"我的孩子会安全吗？"

"他们会觉得我不好吗？"

"我能找到伴侣吗？"

"我身体健康吗？"

"我正常吗？"

"一切都好吗？"

这样的生活非常累，而且随着时间的推移，会降低生活质量。那种认为我们必须一直担心或保持高度警惕，以至于坏事不会发生在我们身上的想法只是一种假想。包括痛苦和悲伤在内等不好的事情是生活的一部分。把所有的不明确都明确下来，不是你应该做的。我们唯一能控制的就是接受不确定性的合理之处，这样焦虑就不会剥夺我们当下的快乐。

策略 1：结识更多人

在进入社交场合之前，我们永远无法百分之百准确地知道会发生什么，我们会有什么样的感觉，或者其他人会怎么看我们，这就是为什么社交场合经常会出现很多不确定性焦虑的原因。我们可能会陷入对可能出现的判断、批评、轻视的恐惧之中，以至于一想到要和别人出去进行社交活动，就会变得不知所措。

你越自信，就越不会害怕社交活动。因为当你用眼神交流，畅所欲言，放下隔阂，分享观点时，人们会看到你，尊重你。而且，直言不讳也是一种消除误解与沟通不当的方法（这两种情况在社交活动中都是不可避免的），所以同样令人苦恼的社交状况不会一次又一次地发生在你身上。

操作方法：

在进入一个特定的社交场合之前，在本子上列出你的恐惧是什么，然后在每个恐惧的旁边写下如果发生这种情况了，你会如何应对和恰当地处理。

1. 会有哪些被拒绝的情况发生呢？

示例："人们根本不想和我说话"，或是"人们对我视而不见，就好像我根本不存在"。

应对方法："我会主动给主办方帮忙"，或者"我会制订计划，发起活动，然后我将会是一个不可或缺的重要角色"。

2. 会有哪些被批判的情况发生呢？

示例："如果我谈论关于工作的事情，人们会觉得无聊，而且觉得我很无趣"。

应对方法："我会稍微谈谈我的工作，但会强调积极的一面，面带微笑，甚至可能还会借这个话题开一下玩笑"，或者"我会变换我的谈话内容，不只谈论我的工作，也谈论我的家庭或是我看过的一部电影"。

3. 哪些你觉得很重要的事情是你在社交活动中无法预测，从而让你一直回避的？

示例："我想要人们喜欢我，但是我又害怕他们会回避我，或是根本没有注意到我"。

应对方法："我会重视参与到他人的活动中去。我会积极地提问题，与他们进行眼神交流，让他们觉得我对他们说的话很感兴趣，这样他们就会喜欢和我聊天"。

如果可能的话，和朋友或治疗专家进行角色扮演，让他们扮演评判者的角色，而你扮演十分自信和能够自我保护的角色。或者站在镜子前，自己扮演两个角色。习惯倾听自己，阐明自己的想法或言论，而不是自我辩护。一个好方案就是先做一些验证，然后再总结："我理解你的意思，但实际上我和你的观点不同。"

保持自信之后，走到外面的世界和人们进行交谈。你可以忍受不知道别人在想什么之类的不确定性，同时仍然享受社交生活。

策略 2：重设不确定性容忍度

从长远来看，学会容忍不确定性，并认识到接受不确定性是有可能实现的，实际上比过度思考事情发生的可能性和想象可怕的结果容易得多。

操作方法：

以下是提高不确定性容忍度的四个步骤：

1. 与其逃避不确定性，不如把不确定性找出来。

2. 当不确定性出现时，勇敢地张开双臂欢迎它："我看到你了，不确定性，就算你在我身边，我也可以继续充实地生活。"

3. 尽量减少那些让你觉得可能会强化你无法承受的不确定感的信念的行为。如果你强迫性地反复检查一些东西，那就每隔几天检查一次，而不是每天检查一次，或者每五个小时检查一次，而不是每小时检查一次。如果你需要不断地寻求确认，在你寻求另一次确认之前，看看能否通过积极的自我对话、写日记、锻炼、深呼吸等进行缓解。如果你正在反复思考一个假设的场景，那么在心里把它标记为"无法被确定的不确定性事件"。

4. 加强锻炼可以让你应对不确定性因素。同时，也要密切注意生活中你可以控制的部分，比如陪伴孩子、关注孩子。坚持锻炼和健康饮食有助于身体健康和心情舒畅。培养沟通技巧，以积极的心态生活，有助于建立能够经受时间考验的人际关系。

你可能无法预测不确定的结果，但你可以做一些力所能及的事情，长此以往，事情会越来越好。

本章小结

- 回避虽然会让人感到暂时的放松，但从长远来看会增加焦虑。

- 回避或逃跑的欲望是我们大脑中"战斗或逃跑"反应的一部分。

- 问题是在没有实际威胁的情况下触发战斗或逃跑反应。

- 调整自己回避或逃跑的本能，然后学习一些新东西。

- 生活中的不确定性是不可避免的；接受这个事实可以减少焦虑。

第六章

接纳：与焦虑和解

焦虑的好处

焦虑具有重要的作用。担忧和关心使我们能够调整自己，与他人建立沟通，照顾好自己，并产生同理心。焦虑也会促使我们设定目标，采取行动，关注重要的事情。有时在临床实践中，我也会遇到缺乏焦虑感的人们。这听起来可能很奇怪，但他们来就诊的时候会觉得无力、迷茫，没有目标。事实上，正因为人们生活在焦虑之中，反而会让自己更加投入地去实现充实而有意义的生活。然而，关键是不要浪费宝贵的精力来对抗焦虑。

我们中的许多人都有这样一种感觉，如果我们经历了哪怕是很小的痛苦，也会觉得自己没有过上"好的""幸福的"或"正确的"生活。如果你有这种感觉，你可能会把大量的精力用到预防那些无法预防的事情上。快乐、爱情和愉悦感是生活中很重要的组成部分。然而，对人生道路上的某些阶段而言，困难、失去、痛苦、挫折和焦虑，也是人生中的一部分。

不要试图摆脱那些无法改变的事情，如痛苦和不舒服的感觉，而是通过接纳来改变你与焦虑的关系。放弃与情感做无谓的斗争，让你的焦虑来去自如——感受本就如此。

想象自己是一个冲浪者，去跟随情感的浪潮而不是反对情绪的波动，并接受它们的到来。你无法控制海浪，但你可以顺其自然，这将有助于你更顺利地度过人生。

接纳焦虑并不意味着你是焦虑的受害者，也不意味着你在放弃自己，任由焦虑控制自己。接纳并不意味着你喜欢自己所经历的所有事物。接纳是这样一种概念：如其所是。当你看到窗外在下雨时，你不会对自己说，"下雨了，我必须解决这个问题"，你也不会说"我是下雨天的受害者"或"我被这场雨烦死了"，或"天在下雨，我放弃了"。也许你不喜欢下雨，但如果你抽出一把伞，继续向前走，你就会知道，雨最终是会停的。

策略 1：接纳

试着通过这个实验来感受真正的接纳所带来的认知的改变和情感的自由。

操作方法：

做这个练习的时候，要带上你的本子，同时也要找一块手帕或者一块轻薄的布当眼罩。我想让你在蒙着眼睛的时候写几句话，谈谈你觉得在控制焦虑时接纳产生的作用。即使你看不到自己在写什么，也要尽可能写得清晰易读，确保字迹格式整齐。除了摘掉眼罩，你可以做任何需要的事情来帮助自己。尽管看不见，也要尽你最大的努力想办法尽可能写得整齐有条理。

现在，再做一遍练习。这一次，不要担心写得是不是整齐，或是要确保字迹清晰，只要写的时候戴上眼罩就可以了。

你能感觉到两次练习的不同吗？一旦你接受了眼罩的存在，你就可以从焦虑中解脱出来了。

策略 2：明确你的个人价值观

个人价值观是我们生命中最重视的东西，赋予我们生命的意义。核心的个人价值观的常见领域包括家庭观、精神观、健康观和团体观。过一种与个人价值观相匹配的生活可以提升自尊、愉悦感和生活质量。好消息是，你在本书中学习的策略可以帮助你把精力从焦虑状态中，转移到你最重视的价值观上，不管你的焦虑症状是什么。

确定个人价值观的一个好方法就是想象自己如果到了生命的最后阶段，你会想要怎么样。这可能很难，但想象生命的终结有时能让我们了解自己最想要的东西。

操作方法：

1. 你想让别人了解和记住关于你的什么，你在生活中做过的还是没有做过的？

2. 你想如何影响这大千世界？

3. 你希望你关心的人如何看待你？

想一想，写下你在生活中的每个方面看重的事物。

关系方面：恋爱、友谊、家庭、父母、孩子

职业方面：_____

教育方面：_____

宗教信仰／精神方面：_____

社会方面：_____

爱好／兴趣方面：_____

心理成长方面：_____

身体健康方面：_____

策略3：承诺行动

确定你现在可以做些什么来过你真正想要的生活，朝着你的个人价值观迈出的任何一小步都会改善你的情绪和焦虑。拿出你的本子，制订一个计划，开始对你重视的事情承诺行动。

操作方法：

1. 确定个人价值观。

示例：心理成长方面。

2. 确定目标。

示例：加强自尊。

3. 确定实现目标的步骤。

短期措施示例："每天做一件自己觉得得心应手的事情——付账、做饭、锻炼、做志愿者、帮助朋友。"

长期措施示例："问问老板如果想升职，需要做些什么。"或者"报个课程学习一下"。

4. 现在，行动起来！

重写人生：你是谁

你所讲述的人生故事：你是谁，你能做什么，你不能做什么，这些会对你产生巨大的影响。虽然你可能把这些情况当作事实，但事实也许并非如此。随着时间的推移，负面经历会不断积累。我们已经习惯了一种人生故事，所以不会去挑战它，也不会意识到它也许有另外的讲法。其实我们的人生故事是可以改变的。

操作方法：

1. 重写你的人生，让它支撑你成为真正想成为的人。

2. 在这个过程中，想一想你所关心和想要追求的理想或个人价值观。

3. 写下你认为的最好的生活是什么样的，以及如果你真的过着这样的生活，你的内心会有怎样的感受。

4.写一些具体可行的措施，能让你从今天开始，从现在开始，过上最好的生活。

做你害怕的事情

很多人都认为获得情感自由的唯一途径就是彻底消除焦虑，这个想法是很有诱惑力的。但正如我们所看到的，焦虑也是有很多有利之处的，所以完全消除焦虑对个人本身也是不利的。当然，也是因为这是一项不可能完成的任务。偶尔感到焦虑是可以接受的，而不用去挣扎对抗。

接纳有时会令你感到焦虑的事实——也许相当焦虑——可以释放出控制焦虑所占据的心理空间。当焦虑存在时，这一释放有助于实现目标和过更有意义的生活。

事实上，我们应当在真正听到火灾警报前为焦虑预留出空间，你会发现仅仅是觉察焦虑何时出现就非常重要。我们常常对一些事情感到焦虑，因为它们对我们很重要。比如，当我们担心社交活动时，很可能是因为我们真的很重视社交生活。如果我们在工作面试时感到害怕，那是因为职业成就对于我们来说很重要。我们通常不会对那些与我们的生活和价值观无关的事情感到焦虑。

当焦虑出现时，不要对自己发火，要认可它的存在和价值。你要完全地、彻底地接纳自己，不管是积极的还是消极的部分。去接近你害怕的事物，因为恐惧的另一面对你来说也很重要。这很重要，因为你很重要。

矛盾的是，完全接纳焦虑其实可以缓解焦虑。然而，要想做到这一点，你必须完全接纳它是你生活中不可避免的一部分。如果接纳焦虑只是为了让它"消失"，那么这样是行不通的。告诉你自己（并且是认真的），"我的焦虑会一直这样反反复复"和"虽然焦虑，但我仍然可以过得很好，可以度过有价值的人生"。

也许你已经在生活的其他方面体验到了真正的接纳所带来的自由：

就在你接受了不会再遇到爱情的时候，你遇到了。

就在你接受了自己不满意的工作后，情况有所改善。

就在你接受了自己失去一些东西时，你获得了一些东西。

就在你接受了自己的缺点（或别人的缺点）时，这些不再让你烦恼了。

就在你接受诊断结果后，你的其他方面变得更健康了。

接纳能让我们减少强迫性思维，把精力少浪费在困扰我们的事情上。当我们的关注点不再那么单一时，我们的视野就会拓宽，看得更长更远。我们就会有足够的空间制订计划，承担风险，并采取更多措施来改善焦虑状况。

策略：想象一种情景

运用想象训练来进一步认识自己，如果你克服了焦虑，你可能会得到什么。

操作方法：

1. 回想那些对你来说很重要，但因为焦虑和恐惧而回避或忽视的事情。想象一下具体内容，在你的脑海中描绘出这个场景。

2. 试着想象一下，如果你接近自己害怕的东西，你的身体会有什么感觉，留意身体的暗示。你能感觉到你的心跳加快或胃在下沉吗？注意提醒自己你很安全；这只是假设出来的想象。

3. 想象一下，如果你坚持做那些曾经让你害怕得不知所措的事情，会有什么感觉？你会得到什么呢？

你可以掌控焦虑

理想状况下，当焦虑反应被触发时，我们会迅速评估当前的情况到底有多危险，然后适当地处理这种情况（"快出去，房子着火了！"）或者进行自我安慰（"你没事的，深呼吸。"），回到一个更平静的状态，继续前进。而当处于慢性焦虑时，我们经常会触发"战斗或逃跑"反应，以至于永远都处于警惕潜在威胁的状态，永远无法真正放松。

焦虑有时会像一个暴君，控制着我们，以至于我们的真实本性逐渐消失。随着时间的推移，我们会越来越难回忆起自己到底是谁，想要什么，也会越来越难远离焦虑，或是相信还有其他生活方式。然而，挣脱束缚是有可能的。你可以走自己的路，做自己的事；你可以做焦虑的主人。

以我心理治疗实践中的一位患者马特奥（Mateo）为例，他是一名高中橄榄球运动员。尽管很有天赋，但他还是会对自己在赛场上的表现感到焦虑。随着时间的推移，这种焦虑让他根本没有办法进行训练，这种状态只会增加他的焦虑和负面情绪。不训练意味着他的比赛技能不可能有进步。马特奥担心选拔者看不到他的能力，他最终会失去一切。

我对他说："你知道你现在真的很焦虑。你的焦虑告诉你要待在家里，放弃获得橄榄球奖学金的梦想，你认为你必须按照焦虑告诉你的做法去做，但其实你不必理会。你具有掌控权，而不是焦虑，焦虑不会掌控你的人生。你可以继续训练，即使处在焦虑之中。"

刚开始，马特奥和我们许多人一样，仍然坚持认为他不能与焦虑共处："但我不想感到焦虑！我得先弄清楚焦虑是什么。"然后他把两者联系起来："好吧，我想无论如何，我还是会感到焦虑。今天我没有去训练，我感觉比昨天状态更糟，但如果我去训练，至少我不会失去任何东西。"

确实是这样。如果你不顾焦虑做出选择，你就可以重新掌控自己和自己的行为——你将重新掌控你的人生。现在你自由了，可以努力奋斗，成为大学橄榄球运动员，建立亲密的友谊，谈恋爱，旅行，畅所欲言，参加结业考试获取学位，参加对你来说非常重要的医学考试，你可以在会议上勇敢发言，然后你的老板可能会给你升职，让你负责开展新业务，组织聚会。

虽然焦虑不会消失，但它将不再完全掌控你的人生——你，你的真实状态，将是你人生的掌控者。

策略 1：关注你的想法

运用正念练习，更好地与你的一部分——内在观察者——联系起来，那样可以使你与焦虑的情绪和思想分离。

操作方法：

1.安静舒适地坐着，成为你思想和感觉的内在观察者。你不会被自己的生活弄得不知所措，也不会放弃它或评判它。你的生活就是这样。

2.注意，每一个想法的出现，都会被另一个想法所取代……还有一个……还有另一个。这就像你躺在那里看云，想要记住它们不同的形状和细微的差别："模糊不清的云""烟云""像鸟一样形状的云"。当你的想法层出不穷时，要关注它们，并标明它们是什么样的："忧虑的想法""恐惧的想法""有计划性的想法""快乐的想法"。

3.用下面的句子把你的观察记录下来。这些句子可以把你观察到的自己与你感受到的情绪和思想区分开来。

（1）"我知道我有_____的想法。"

示例：我很糟糕 / 弱小 / 失败……

（2）"我有一种_____的感觉。"

示例：悲伤／恐惧／受伤／内疚／快乐

（3）"我现在有＿＿＿＿＿＿＿＿＿＿＿＿的想法。"

（4）"我注意到一个故事告诉我＿＿＿＿＿＿＿＿＿＿。"

（5）"我注意到一种＿＿＿＿＿＿＿＿＿＿的感觉。"

（6）"我注意到一种＿＿＿＿＿＿＿＿＿＿的身体感受。"

策略2：实景暴露

实景只是"在现实生活中"的一种特别说法，它意味着你需要真正体验你正在回避的情境。焦虑决定了你的许多选择，让你错过了很多机会。通过接近你通常回避的事物，实时地唤起你的恐惧，会让你知道，你可以克服当下的焦虑，走到另一边。另一边是什么？是你珍视的丰富多彩的人生。

选择一些你因为焦虑而长期回避的事物。这应该是很困难的事情，但是你可以强迫自己去做。比如，打电话给朋友或亲戚、去某个地方、当着一群人的面说话、问一些你需要的信息、告诉某个人一件复杂的事情。就这样，慢慢地做下去。记住，焦虑在你推进这些事情的过程中会持续存在，但没关系，下面我们看看应如何做。

操作方法：

1. 采取行动：做一些你回避和害怕的事情，这些事情会阻碍你获得对你而言很重要的事物。

2.控制"战斗或逃跑"反应：通过注意呼吸来减少焦虑感受的出现。每次呼气时要比前一次呼气坚持的时间更长一些。

3.支持自己：当你朝着目标迈进的时候，当你感到焦虑的时候，告诉自己："我可以，而且一定会坚持到底。我可以，而且一定会坚持到底。我可以，而且一定会坚持到底……"

策略3：感觉如何

我们感到焦虑的时候，并没有充分注意到，如果我们克服焦虑，并到达成功彼岸后，会感到放松甚至快乐。

现在花一点时间来了解一下，把自己暴露在之前回避的情境中会有什么益处，下一次你一定还会这样做。

操作方法：

1.你觉得身体放松了吗？

2.做到之后，你感到高兴或自豪吗？

3.这样做有什么好处？

4.你能想象再做一次或做类似的事情吗？

5.接近恐惧或是回避恐惧，哪一种让你感觉更好？

放弃对抗

生活充满希望，处于充满渴望的状态中是很诱人的。我们都渴望不要经历烦恼或焦虑。我们也渴望胜利。我们渴望变得更好。我们渴望摆脱痛苦，让生活充满快乐。如果没有实现渴望的一切，我们就会责备自己。这种心态会让生活变成一场无休止的竞争，为了得到某件东西，一件又一件，永无解脱。在内心深处，我们相信这场斗争总有一天会结束，我们所有的痛苦，我们对更多事物的渴望，我们曾经糟糕的感觉，也都随之烟消云散。

但这种信念是一种空想，只会增加焦虑感。在某种程度上，焦虑永远不会结束。相信焦虑会以某种方式被控制或被抹去，将阻碍人们提高当下的生活质量。

比如，规划一次假期。你可以带着焦虑、沮丧或愤怒来做规划。你可能会担心在旅途中不能做想做的事情，担心航班会很糟糕，担心所有的规划会占用你的时间，使你无法做其他应该做的事情。你甚至会告诉自己："这次旅行根本不值得规划，啊，放弃吧！"旅行的时候，你可能会对规划和收拾行李充满反感或烦躁，以至于觉得旅行根本没什么值得让你开心的，回家后也觉得这次旅行让你很不满意。你发誓，未来一定要再来一次更好、更完美的旅行。

又或者，你也可以选择接受规划的过程——从内心彻底接受。无论如何你都必须规划，所以还不如享受规划的过程。当你思考想要做什么事情时，你会产生一种兴奋的感觉，想象你未来的快乐。你可以花时间看看照片，读读文章，规划日程。当你遇到挫折的时候，你可以灵活变通，想想是否可以通过其他方法来获得你想要的东西。

应对焦虑也是相似的，因为你可以选择。你可以放弃当下，向焦虑屈服，甚至因为感到焦虑而进行自我批判；另一方面，你也可以拥有更多的体验，而不仅仅是处于焦虑之中。如果你选择后者，当遇到挫折时，像那个敏捷的冲浪者一样去适应浪潮的出现，及时掉转方向。这样，焦虑即使不可避免地存在，也不会占据主导地位，剥夺你应有的精彩体验。

策略 1：认识你的对抗

花点时间坐下来，记录下你对抗焦虑的过程。以下是一些提示，可以帮助你集中写作。

操作方法：

1. 写下你试图对抗焦虑的方法。比如，试着预测恐惧、自我怀疑、担忧；做选择时，希望自己能远离焦虑；花时间解决一些无法解决的问题；试图确定生命中不可避免的每个不确定性。

2. 许多人都会责备自己。想一想你是否对自己太过苛刻——不断进行自我批评——因为你觉得你"不该"陷于与焦虑的斗争中。

3. 想一想你处于焦虑状态有多长时间了，几天、几周还是几年。放弃对抗，接纳焦虑又会是什么样子？你将会如何利用这块自由的精神空间呢？

4. 写的时候，看看你是否会同情自己在对抗焦虑中所经历的一切。

策略 2：直面困难情绪

这个策略是一种训练放弃对抗情绪的方法。实际上，你应当去靠近你正在感受的情绪——愉快的和不愉快的，而不是与之对抗。试着与焦虑（和其他不开心的情感）带给你的感受共处。

操作方法：

1. 舒服地坐在安静的地方。当焦虑出现时，与其与之对抗（"这样是错的""让它停止"），不如随它而去，放弃对抗。张开双臂迎接焦虑："是的，我看到你了，焦虑，我们可以共处。"接纳并迎接不安或担忧的涌动。你可以接受你的困难情绪，即使它们会让你不舒服。

2. 不要试图去改变这种感觉，把它推开，而是停留在当下。你知道它是什么，正如它所是。你正在放开对它的控制，而不是对它的觉察。

3. 当你感到焦虑时，问问自己："你还有什么感受？"探索可能隐藏在焦虑之下的更深层次的情绪。许多焦虑的人并没有对过去的事情表达出悲伤，也不愿完全承认他们所遭受的苦难。比如，也许你担心伴侣可能会离开你。想得再深一些：这种担忧和你过去的经历有什么联系吗？你还记得第一次因为有人离开而感到焦虑是什么时候吗？也许你会把这种感觉追溯到父母离婚，爸爸搬出家的时候。现在，直面悲伤或愤怒，看看你是否能注意到它在你身体的哪里。停留在这种感受中。

4. 努力发现每个焦虑点的情绪根源。通常，从情绪最开始出现的根源处入手，可以完全缓解焦虑情绪。告诉这些感受：欢迎你与我一起在这里。确认它们是真实存在的，而且值得你密切关注。

策略3：与焦虑同行

你如果像许多焦虑障碍患者一样，恐惧和忧虑就会让你止步不前，你觉得你必须等到焦虑消失后才能继续你的生活。其实恰恰相反：为了降低焦虑，你要勇敢向前，继续你的生活。

操作方法：

1.花点时间确认并认识自己的焦虑，然后给自己安排一项活动、一项任务或一次出行，不必是全天的活动（你可以慢慢来）。在焦虑的状态下，去商店买东西，或是干一些其他的事情都是可以的。

2.确保自己完全按照计划去做。换句话说，一旦你到了商店或者完成了一个步骤之后，不要放弃。记住，无论你在哪里，你都会感到焦虑，所以你最好在焦虑的时候仍在做一些事情（这可能帮助你以后不那么焦虑）。

3.一旦你完成任务，看看你的焦虑是否会因此而减少。即使没有，也要为自己在焦虑中完成了需要做的事情而感到开心，如果有机会，就再做一次。

本章小结

- 接纳焦虑会反反复复发生是一种解脱。

- 停止对抗焦虑，有助于让人生更精彩。

- 明确个人价值观和更远大的目标，将提高你的生活质量。

- 尽管焦虑，但为更大的目标做出选择并采取行动会使你受益良多。

- 完全接纳焦虑，可以缓解焦虑。

第七章

抗焦虑日志：我的进步

改变从重复开始

坚定地、有计划地反复使用这些技巧，可以帮助你缓解焦虑，这远比控制情绪症状更有效。想一想像戒烟这样具有挑战性的任务。吸烟人士认为，尼古丁戒断症状通常需要三个月的时间才能离开身体。这三个月里需要经过刻意努力，采用一种新的习惯模式，但回报显然大于付出，与更长寿、更健康、更令人满意的生活相比，三个月根本算不了什么。

同样，以朱莉亚（Julia）为例。每当朱莉亚在拥挤而且限速很高的车道上开车时，就会感到非常焦虑。每次她在高速公路上开车时，相同的神经元模式被激活，恐慌很快就会发作。想象中的坏结果使朱莉亚头脑发晕。随着时间的推移，甚至即使只是想到在高速公路上驾驶，也会引发恐慌。最后，她完全无法在高速公路上开车。

当下，回避让我们感到焦虑的事物似乎是一种解决方法，但从长远来看，回避会增加焦虑。通过心理治疗，朱莉亚决心克服这种焦虑。她开始想象自己开车，并能应对自如，进行深呼吸练习以控制"战斗或逃跑"反应，还进行支持性的自我对话："我可以，我可以克服它。"起初，原先的焦虑又扑面而来，但她坚持了下去。经过两周的想象训练，她又能在高速公路上开车了。两个月后，她能够做到经常开车，以1分到10分为标准的评估报告显示，她的焦虑从10分下降到了5分。

朱莉亚克服了焦虑。她不仅焦虑症状改善了，生活质量也提高了。她现在能够主动去看望母亲和朋友，最重要的是，她觉得自己是一个独立的、有能力的女人，正如她始终坚信的那样。

相信计划正在奏效

再想想你准备什么时候开始将第四章中的技巧运用到日常生活中。如果你已经开始这样做了，也许你的规划已开始奏效。如果你还没有开始定期使用这些策略，想一想你是否制订了一个切实可行的计划。比如，如果你原本计划每天花 20 分钟来练习策略却没有成功执行，那么也许分成两次 10 分钟的练习对你来说是更好的开始。

要灵活变通，开放更多的可能性来重建自己的生活，但是一定要做时间规划，最好是每天安排一点时间，用以减少焦虑。

记录你的进步

想要取得长足的进步，建立一个系统是很重要的，你可以通过这个系统来记录每天使用的策略和焦虑的程度。

下一页是一个记录进步的快速简便的示例。每天检查一下你在第五章和第六章中使用的所有策略。另外，一定要给你当天的焦虑程度打分，用 1 分到 10 分的分值，1 分是完全放松，10 分是完全焦虑崩溃。从 1 分到 10 分的评估是一种回顾并查看进步的方法。一开始你可能会有很多 8 分甚至 10 分，但理想状态下，一个月后你会有更多的 5 分甚至 4 分。详见表 7-1。

表 7-1　我的进步日志表

策略	星期一	星期二	星期三	星期四	星期五	星期六	星期日
你在回避什么							
为什么你要回避它		✓					
确定目标	✓						
控制"战斗或逃跑"反应							
做你害怕的事情							
认识陌生的人			✓				
建立对不确定性的容忍							✓
接纳							

（续表）

个人价值观							
承诺行动				∨			
想象一种情境							
不要错过机会							
关注你的想法			∨				
实景暴露							
感觉如何				∨			
与困难情绪共处							
与焦虑同行							
评估焦虑（从1到10）	7	3	5	2	3	6	7

选择恰当的策略

当困难来临，你必须开始真正实施计划时，就会产生自我怀疑。自我怀疑是产生灵感和做出改变的克星。人们很容易找借口说"这太难了""永远都需要这样""这太糟糕了"。允许这种情况的发生，但它们会使想要做出改变的精神能量被消耗殆尽。

你想从对抗焦虑中解脱出来，这是为什么你现在在阅读本书的原因。然而，对许多人来说，做出改变的想法带来了压力。是的，我们希望获得更好的东西，但同时也担心自己无法完成目标。出现怀疑时，提醒自己，治疗对焦虑非常有效。经常练习这些技巧的人通常都会有所进步。需要努力并不意味着不会有结果，只是意味着你需要付出努力。

利用这段时间，根据你在第五章和第六章中所读的内容，为自己设定几个目标。这些目标应该是你可以反复回顾的主要目标，用以激励自己坚持下去。

也许你意识到自己因为做出回避行为而错过了许多，你不想再错过了。或许，你已经更加清楚地意识到人生中什么是有意义的，什么是有价值的，既然设定了目标，那么不管是否焦虑，你都要为你所重视的事物付出努力。

每日策略

从前面的表格中选择一些你每天都可以使用的策略。比如，一个很好的日常策略是"关注你的想法"。静静地坐上 5 分钟，观察自己的思想，就像观察云彩一样。想法会突然涌现，又会随后消失——你不需要回应，你只需要观察它们。或者安静地坐下来，练习接纳那些困扰你的事情，或者邀请焦虑前来，接受那些情绪和感觉。

另一个很有帮助的策略是"与焦虑同行"。在这种情况下，即使处于焦虑状态，你也要坚持完成任务，言出必行。你只需告诉焦虑："好吧，我知道你在那里，你今天一定要和我在一起！"

每周策略

选择一些更宏观的策略，可以让你在日常生活中一周至少运用三次。

一个好的开始，一个可以迅速提升情绪和减少焦虑的开始，就是每周花一些时间坚定地实施行动——可以和你爱的人在一起，或者在当地收容所或动物救助中心做志愿者。采取任何实际行动，无论是多么小的事情，只要符合你的个人价值观，都会激励你，也会使你减少焦虑，哪怕只是一点点。

坚持：让红色变成绿色

回顾一下你在第四章中制订的每周策略计划。花点时间回顾一下这个月的实施情况。如果你还没有这样做，那就把这些计划写进工作、社交活动、家庭聚会和常规日程。

人们只要每天坚持一种策略，就能取得很大的进步。这可能是一个简单、容易的策略，但是每天这样做，保持这个习惯，就会让自己逐渐坚持下去。从第五章和第六章中选择一个你这个月愿意每天都使用的策略。当你意识到自己某一天没有坚持做到时（这偶尔会发生），就从停下的地方重新开始。

在日历上标记红色、黄色、绿色区域来评估即将发生的情况。红色区域是容易感到焦虑不安的情况；绿色区域是你希望能放松下来、感到内在压力变小的情况；黄色区域是程度适中的情况，你可以想象自己既不会感到非常焦虑，也不会感到非常放松。

回顾一下，看看这个月有多少是红色的，有多少是绿色的。如果红色占绝大部分，很可能是你对日常活动有太多的恐惧心理，这样就没有办法继续生活。改善情绪最好的方法之一就是，要对事物有所期待。你可以减少日历上的红色区域而增加绿色区域吗？哪怕只是数次取代，也能产生明显的效果。

在你预期会触发焦虑情绪的日子或时间里，或者在日历上看到红色区域时，写下一个（或多个）你认为特别适用于特定焦虑情绪触发情景的策略。比如，如果是一个让你害怕的社交场合，你可以把"练习接纳"或"在社交场合练习自信"写在你的日程表上。或者，如果是你想回避但又需要接触的事情，你可以练习"实景暴露"，想象自己在做想回避的事情。

打卡：一步步接近幸福

每周的心理治疗对治疗焦虑的效果显著的原因之一是，定期接受医生面诊可以成为对大脑的一种暗示，让你时刻记得自己的最终目标——平和的幸福感，以及完成目标所需的工具。你可以独立进行，但一定要定期检验自己的实施效果。利用一段时间来记录进步和解决问题，看看你是否可以做出调整或做些不一样的事情来取得更大的成功。关键是要灵活变通，如果你的焦虑没有改善，可以尝试不同的事物，但一定不要放弃。这一过程需要弹性与耐心，但轻松和平静的心境是值得等待的。

首先，每隔几天就回顾一下自己做得如何。当你发现症状有所改善时，可以每周回顾一次，症状持续好转就可以调整为每月回顾一次。

操作方法：

1.你的每日目标完成得怎么样？

2.你的每周目标呢？

3.根据1分到10分的评分，你是否注意到自己的症状有所改善呢？

一开始，焦虑的改善可能并不明显，但只要你的焦虑程度有所降低，哪怕是从8分降到7分，也算是一种进步。如果你并没有自己期待的那么成功，那就试试不同的策略，尝试做一些不同的事情。提醒自己，你想要这样做，你可以而且将会这样做。

本章小结

　　要想把降低焦虑的新的习惯性思维融入日常生活中，就需要练习。要做到坚持不懈，你就不能因挫折而备受打击。每当我们想要做出改变或学习新事物时，我们都会遭受失望和阻碍。要把挫折作为学习工具，让它教会你下次做一些不同的事情。然后，重新开始。

　　无论在那一刻、那一天或那一周感觉如何，你都不可以放弃。你可以随时重新开始，培养自己的耐心和对自己的慈悲心。你要勇敢地坚持改变自己的生活，你的努力终将会有所收获！

第八章

重返现实：摆脱头脑"毒药"

思维反刍：焦虑的陷阱

让我们再一次在脑海中构建一个三角形，一个角上写着"情绪"，另一个角上写着"行为"，第三个角上写着"思想"。正如我们所见，三角形任何一角的变化都会影响另外两个角。要想减轻你的焦虑，需要改变重复性思维模式。焦虑的想法意味着你经常受重复性思维和侵入性思维的影响。你希望自己不要再胡思乱想，但负面的或令人担忧的想法却不断出现。精神上的紧张感反过来又加剧了焦虑感和回避行为。

比如，你想象自己收到了朋友生日派对的邀请。你可能马上会想："如果我去了，却没人跟我说话，我就会很尴尬。"如果你经常有这样的想法，或者认为这种情况一定会出现，即使派对上都是你的好朋友而且你也不想错过，最后你还是很有可能不会去参加这个派对。或者，如果你真的去参加了派对，焦虑也可能会一直困扰着你，这场派对就成了一种折磨，而不会给你带来欢乐。

接下来的策略将帮助你对抗那些降低你生活质量的焦虑性想法。我希望这一章教给你的重点是，你不能完全相信你的想法。我们将探索为什么要经常挑战自己的想法，而且你将学习到一些具体的策略来实现这一目标。

有些"想法"不可信

你的心理弹性和成长能力实际上比焦虑的想法要强大许多——尽管大多数时候，你可能感觉不到。对于焦虑的人来说，忧虑万分的感觉会突然涌现，让你相信脑海中转瞬即逝的想法变成了绝对的真理。如果你认真观察自己的想法，你会发现自己变得极端且概括化。

想象一下，你因为轻微的交通事故被开了罚单，然后你想到："如果他们起诉我怎么办？"焦虑感会让你的想法迅速演变成："他们一定会起诉我！"

或者，你在工作中得到了一些负面的反馈，然后你会想："我老板觉得我工作有问题。"焦虑产生，你又会想："我要被炒鱿鱼了。"

又或者，你发现妈妈没有回你电话，你想知道为什么。焦虑会让你觉得："她一定是出了意外。"或者你发现你的伴侣一整天

都没有回短信，你就会担心："我的伴侣不再关心我了！"紧接
着就会想："他要离开我了！"

这种把一个小小的、令人担忧的想法推向极端的思维模式，
也会由生理感觉触发："我的心脏跳得好快……我一定是心脏病
发作了！"这种焦虑想法会让你联想到各种可怕的但不太可能会
发生的事情——除非是你允许发生的！信不信由你，其实你可以
介入并放慢这个发展过程。

想象灾难性结果和最坏的情况会让我们的情绪崩溃，让我们
无法完全活在当下。但是我们可以学会整理思绪，这样，过度推
测和非黑即白的思想就会被我们"丢"在一旁，至少在你有确凿
的证据证明这些想法是事实之前。在你做出反应之前，花一点时
间（即使只有几分钟）慢下来，要意识到自己在想什么，这样你
就能把有益的想法从无益的想法中整理出来。

当慢下来的时候，我们才有空间来观察想法，看看它们是否
像最初看起来那样真实。然后，"我要被解雇了"的想法变成了
"我觉得我会被解雇"，"我女朋友要和我分手了"的想法变成
了"我有一个想法，她要和我分手"。站在一种更加好奇和客观
的立场上，可以让你质疑自己想法的准确性，衡量它们对你是否
有用。

策略 1：区分"想法"与"亲身感受"

这个策略是以一种新的方式挑战自己的思想，该策略的练习旨在帮助你区分实际经历和你自己的理解之间的不同。当我们去观察而不是过度思考时，我们就可以从焦虑中解脱出来。

操作方法：

1. 把你所有的注意力都集中在自己的心跳上。把手放在心口，看看你是否能把意识转向内部，真正感受胸口的跳动。

2. 将想法和经历区分开来。想法可能是"我感觉不到心跳了""我的心脏跳得太快了"，或者"我担心我有心脏病"。不要去判断或分析你的心跳，要去感受你的心跳，去感知它的节奏。用手掌感受它的跳动是什么感觉。

3. 就像找一首歌的节拍一样，你的意识不要过于专注于思想（"我的歌词写对了吗"），而是要更专注于感受（"砰、砰、砰"）。

4. 感受胸部随心脏跳动节奏的起伏。看看你是否能注意到心跳是随着你的观察而变慢，还是随着你陷入沉思而加快的。

策略 2：记录你的想法

记录自己的想法是摆脱焦虑的有效方法。记录是一种以更现实、更理性的视角审视想法的方式，而不是任由这些想法在脑海里一圈又一圈地反反复复出现。这种反思是让你控制自己的想法，而不是让你的思想控制你。这样你就不会再对那些只会加剧焦虑、不切实际的过度思考做出反应。

当你意识到自己处于焦虑状态时，进行下面这个训练，可以让你在焦虑感越来越强之前尽早地意识到。这一策略也有助于你在事后回顾焦虑时的感受。

操作方法：

确定一个会使你焦虑的情境／社交活动／想象／印象／思维流。

1. 在这种情况下，最困难的是什么？

2. 在这种情况下，你害怕什么？

3. 你认为最坏的情况是什么？

4. 在这件事发生的过程之中、之后，甚至是这一刻，当你再次回顾这件事的时候，你的脑海中闪现的是什么想法？

5. 评估你对这些想法的相信程度（使用 1 分到 10 分的评分标准，1 分表示根本不相信，10 分表示完全相信）。

一两天之后，甚至是几个小时之后，回过头来看看你现在对这些想法的相信程度。

当想法与你作对时

当陷入焦虑时，我们会觉得自己的想法是完全真实和准确的，这会让我们非常紧张。事实上，焦虑的大脑并不擅长区分事实和假象。在这个虚拟的世界里，我们的焦虑和恐惧就像真的发生危险时所产生的一样。然而，实际上并没有发生什么可怕的事情，就算有，我们所担心的情况发生的可能性也很小。

我们有很多会先入为主地加剧焦虑的想法。熟悉这些"思维上的错误"，将帮助你捕捉那些夸大的或不准确的思维模式。下面是一些比较常见的例子。

1.全或无的思考方式／极端化思考：一切事物不是好的就是坏的；你不是完美的就是失败的。

2.过度概括化：如果某个负面事件在某种情况下发生，就意味着它将来会在所有类似的情况下发生。

3.灾难化思考／"大难临头"的随意推论：对未来充满消极的态度，总是预测最糟糕的情况，而不是更接近现实的可能性。

4.贴标签：不考虑具体情况，就在自己或他人身上贴上一个固定性、全局性的标签（"我是个失败者""我很糟糕""我不够好""我是个负担"）。

5."应该"和"必须"：你对应该做或必须做的行为有严格的预期，当不合理的预期没有实现时，你就会预测出可怕的后果。

每当你成功地识别出思维中的错误时，你的焦虑感就会降低，因为你能更真实地看清眼前的情况，或者至少考虑到其他可能性。

策略 1：箭头向下技术

箭头向下技术可以有效识别你持有的更深层次的信念是什么，即触发——驱动你焦虑的想法。在认知行为疗法中，核心信念被认为是你对自己最核心的想法，以及你对所有人所面临的一般困难赋予的意义。当一个核心信念被激活时，你的大脑会切换到一种模式，在这种模式下，你只接受支持这个信念的信息，而忽视任何可能动摇它的信息，这会让你陷入由核心信念产生的偏见的反馈循环之中。

当你陷入负面的核心信念时，就很难现实地理性思考生活中的事情。学会识别和质疑我们的核心信念，意味着这些错误的想法将不再替我们做出决定。

负面的核心信念通常分为两大类：无助感核心信念和不值得被爱的核心信念。看看下面的例子对你来说是不是似曾相识。

无助感核心信念示例：

我是失败者。

我做什么都无济于事。

我很无助。

我不能胜任。

我没有力量。

不值得被爱的核心信念示例：

我不值得。

⬇

我很坏。

⬇

我不讨人喜欢。

⬇

我是多余的。

⬇

我不够好。

箭头向下技术可以帮助你看到焦虑想法表面之下隐藏的实际驱动因素。为了找到你的核心信念，你要记录下自己的焦虑，然后问自己："如果那个想法是真的，那么对于我个人来说意味着什么？"

让我们以艾娃（Ava）的焦虑想法为例。

她说："我担心我不能按时完成工作报告。我总是质疑自己的每个举动。我真的不能不工作，哪怕只有几分钟。"

以下是箭头向下技术：

如果你没有完成报告，那么对你个人来说意味着什么？

"我让我的团队失望了。"

如果你让你的团队失望了，那么对你来说意味着什么？

"我的同事会不尊重我。"

如果你的同事不尊重你，那么对你来说意味着什么？

"我是失败者。"

这反映出一种无助感核心信念。在内心深处，艾娃认为她作为个人能力不足。很可能她低估了自己的能力（稍后会有详细介绍）。

拿起你的本子，尝试进行以下练习来找到你的核心信念。

确定一个让你感到焦虑的情境／社交活动／想象／印象／思维流。

操作方法：

1. 记录下你恐惧或焦虑的想法，或者记录下当你处于你设定的情境／社交活动／想象／印象／思维流时的感受（或者回顾一下你在之前"记录你的想法"策略中记录的内容）。

2. 对于列出的每一个想法，问问自己："如果这个想法是真的，那么对于我个人来讲，它意味着什么？"

3.每次你弄明白这个想法对你来说意味着什么之后，把它写下来。

4.然后，对于列出的新想法问自己同样的问题："如果我的想法是百分之百准确的，那么对于我个人来说，它意味着什么？"然后对下一个新想法也这样做。最后，你会找到一个核心信念。

让我们来看看另一个实际应用的例子，这次以艾哈迈德（Ahmed）为例。在与他人交谈时，艾哈迈德表面显得镇定自若，但内心其实在评估自己说过的每一句话。在约会或社交活动中，他认为自己显得很尴尬。箭头向下技术如下：

如果你的约会对象发现你很尴尬，
那么对于你个人来讲，它意味着什么？
"我搞砸了。我失去了那个机会。"

如果你把约会搞砸了，那么对你来说意味着什么？
"人们会不再对我有所期待。"

如果人们不再对你有所期待，那么对你来说意味着什么？
"我让人们失望了。"

如果你让别人失望了，那么对你来说意味着什么？

"没有人会需要我。"

这反映出一种不值得被爱的核心信念。在内心深处，艾哈迈德认为没有人会爱他。

当你学会用箭头向下技术来探索焦虑想法后，你会发现某些核心信念会反复出现。下一步就是开始挑战那些你对自己的根深蒂固的想法。

策略 2：检验你的核心信念

在这个训练中，我要让你走出舒适区，这样你就能发现自己的核心信念是否像你对它们的感觉一样切实存在。我希望你真正走到外面的世界去，检验一下你的核心信念——看看它们是否真的符合现实。

操作方法：

• 如果你意识到你焦虑的根源是对自己的"不值得被爱"有一种深深的恐惧，那么就走出去，和别人聊天，加入一个团体，计划花点时间经常和某人在一起，或者直接去问问身边的人是否喜欢你。

- 如果你意识到自己的核心信念是无助感核心信念，那么就去做一项新的且可行的任务：报个课程；或做点什么，如打扫房间、整理衣橱、建造点什么或修理点什么；或读完一本书。

当你进入这种情境时，增加一个不同的想法（即使你还不太相信它！），这个想法可以很简单，比如"我有能力"，或者"我可以被喜欢"。

对新的信息保持开放的态度，接纳那些可能被你忽略但是进展顺利，或与你的预期有所不同的信息，然后相应地矫正你对于自己的信念。

什么是"消极思维模式"

提高对消极思维模式的觉察可以帮助你采取必要的措施，让你快点感觉好起来。当你意识到自己正在焦虑时，停下来好好想想。把你的答案写在本子上，这样就可以进行深入研究了。

操作方法：

1.什么情境会让我产生焦虑，有哪些情况、社交活动、事件和想象／印象？

示例：每次老板与我有不同意见时，我就会退缩，因为我感到焦虑，担心自己在工作中表现不好。

2.对于这种情境，我有（或曾有过）什么焦虑的想法？

（1）他不喜欢我。

（2）他会给我安排更少的工作，让我变得无足轻重。

（3）我将在工作中变得毫无用处。

3.我的思想可能发生了怎样的扭曲（即"思维错误"）？

（1）灾难化思考。

（2）过度概括化。

（3）非黑即白的两极化思维。

4.如果我最恐惧的想法是真的，这对我来说意味着什么？

（1）我会失业。

（2）我会很尴尬。

（3）我不能完成工作目标。

（4）人们会觉得我能力不足。

5.什么样的核心信念被触发了？

无助感核心信念。

6.如何测试我的核心信念，看看我是否遗漏了某些信息？

下次老板对我发脾气的时候，我不会退缩，而是会问他我工作上出现了什么问题，看看我是不是忽略了什么。

你在担心什么

焦虑会大大影响我们的情绪，影响我们的行为和生理感觉，让我们生活在筋疲力尽、肌肉紧张的状态中。这种过度兴奋会导致情绪易怒、入睡困难，甚至最终会导致抑郁。

下面是我在心理学实践中的一个常见示例。一位名叫艾玛（Emma）的患者一直担心自己的研究生课程不能顺利完成。每次作业出现问题，或者分数只达到平均分时，她就会产生一连串无法控制的想法。她担心教授认为她能力不足。她会反思自己的课堂表现。在课堂上大声发言时，她感到很不自然，担心其他学生对她的看法。艾玛认为自己的智力不如同龄人，她总是充满忧虑，总是打击自己："我怎么了？我太疯狂了。我控制不住自己的忧虑！"

无论艾玛如何努力控制，焦虑的思绪还是一次又一次地涌上心头，即使在安静休息时也依然如此。她会被自己的担忧所困扰而半夜醒来，再也无法入睡。放学后，她疲惫不堪，忧心忡忡，不能好好照顾自己，吃不好，也无法坚持锻炼。结果，她开始担心自己的身体健康，甚至认为自己得了某种重病。

我们都会在某种程度上感到担忧，但当这种担忧持续不断，我们无法控制自己的焦虑时，就会过度关注内在，把焦点都放在内部感受而非现实生活上。当我们陷入这个向内的旋涡时就无法看到新的力量和观点，从而扭曲了真相，让自己陷入了更大的恐惧之中。

过度担忧不能解决问题，也不是有效的方法。事实上，身心疲惫和情绪崩溃只会降低工作效率，使我们无法集中精力制订相应的计划，并充分利用自己的精力和资源。然后，再一次让我们无法享受当下的生活。

当焦虑加剧时，我们通常会觉得自己陷入了情绪旋涡。如果发展至此，这种情况很难逃脱，最好的解决办法是完全回避到达这个阶段。在达到重度焦虑之前，形成早期预警意识可以防止我们陷入情绪的旋涡。

策略 1：确定你的焦虑触发因素

即使我们倾向于日复一日地担心同样的事情，也仍然会浪费时间和精力，把每一个新冒出来的担心当作有深远意义的事情来考虑。由于我们没有恰当地解决和处理，所以我们担心的事情会接连不断地发生。认识到焦虑会引发更大的问题，可以帮助我们把行为模式从担忧思维切换为解决问题。

下列是一些个人忧虑可能会触发的常见问题类型，以及解决这些问题的示例步骤或措施。先确定你的忧虑属于哪一类，看看你能否针对每一类采取不同的处理步骤。

操作方法：

1. 金融 / 经济方面

可操作步骤：制定预算；当面向理财规划师寻求建议。

2. 工作 / 学校方面

可操作步骤：报名参加课程；寻求导师帮助。

3. 实现目标方面

可操作步骤：回顾预期目标；确定制定的目标太高还是太低了。

4. 育儿方面

可操作步骤：阅读育儿书籍；参加育儿课程。

5. 个人健康方面

可操作步骤：每年进行血液检查等体检项目。

6. 他人健康方面

可操作步骤：努力接纳不确定性；告诉自己"我只能控制这么多"。

7. 人际关系方面

可操作步骤：阅读人际关系或情感自助类书籍。

8. 饮食和锻炼方面

可操作步骤：约见营养师；开始一周两次的散步。

9. 自我意象

可操作步骤：参加志愿者活动来增强自尊；每周进行心理治疗。

10. 世界或社会（政治、恐怖主义、环境等）安全方面

可操作步骤：拥护自己支持的政治候选人。

如果精神上反复担忧能让你感觉好一些，你就不会老想着同样的烦恼了。所以要将你的注意力从具体的忧思，转向考虑如何采取可行的措施来改善更长远的问题。

策略 2：可能性结果和潜在结果

当我们陷入焦虑的危险状态时，每一个令人担忧的想法似乎都是尖锐而合理的。由于应激激素的释放，焦虑增加，我们很难判断事件发生的可能性大小。

操作方法：

不要在脑海里一遍又一遍地重复相同的担忧，你可以把每

一个不安的想法都写下来。

1. 关于这个想法，我害怕发生的最坏情况是什么？

2. 关于这个想法，我希望发生的最好情况是什么？

3. 关于这个想法，什么样的现实情况可能会发生？

你可以平静下来，放慢脚步，让自己不要想那些消极的影响，而是去想一想那些接近现实、最可能有结果的想法。

策略 3：有效性的担忧和无效性的担忧

当焦虑的想法被触发时，另一个有用的策略就是想一想担心这个具体问题会有怎样的有效性（对你或对你的生活有帮助）。当你意识到自己正在忧虑时，根据下面的情况，把担忧的想法分为有效性的和无效性的。

1. 有效性的担忧

☐ 我担心的是一个具体的问题。

☐ 我担心的是在不久的将来我必须处理的事情。

☐ 我可以控制事件的结果。

☐ 我可以做出选择或决定来解决担心的问题。

☐ 这是一个刚出现的忧虑隐患，我通常不会去想它。

☐ 我可以采取可行的措施来减轻焦虑。

2. 无效性的担忧

□ 我担心未来会发生一些不确定的事情，没有人知道它是否会发生。

□ 我不能控制这种担忧。

□ 我想了一些可能的方法来处理这种担忧，但觉得没什么好方法。

□ 我过分专注，无法停止担忧。

□ 这是我经常担心的问题。

□ 我无法采取任何措施来解决这个问题。

一方面，如果你的担心更倾向于"无效性的"那一类，那么下次再担心的时候，提醒自己，即使面对一些不确定的事物也没关系。事实上，想让自己不担心是不可能的。记住，要学会接受事物的本来面目。另一方面，如果你的担心是有效性的，制订一个计划，想想你应该如何解决眼前的问题。

"虚构"的恐惧：过度概括化

当我们感受到轻微焦虑时，我们关注的是没有人能躲过的眼前的问题和挑战。比如，"今年似乎很难和家人共度感恩节"。重度焦虑的大脑则会把这些困难随着时间和各种情况的发展扩大化："每次和家人在一起，我都会感到压力很大。"更糟糕的是，焦虑让我们相信，我们将无法应对害怕的事情："我再也不能参加家庭聚会了，这太令人伤心了。"

因此，我们会回避那些实际上并不会构成真正威胁的人和事，来避免遇到引起恐惧的情况、情绪等。然而在现实生活中，我们对事情发展的控制能力有限，所以这些焦虑的能量会让我们感觉自己在生活的摆布下无能为力，渴望寻求解脱。

当我们过度概括化时，我们对自己、对我们的情感，以及对我们能做什么和不能做什么的结论，都建立在单单一次经历的基础上。比如，卡门（Carmen）发现她升职的愿望没有实现，于是得出结论："我永远不会升职。"诺兰（Nolan）有过几次不愉快的约会，就得出结论："我永远不会遇到那个对的人。"

过度概括化会让你草率地决定自己的命运。在你的思维中，你把自己未来成功的机会或得到自己想要东西的机会变为了零。更重要的是，过度概括化意味着你不会再进行尝试。比如，如果你不相信自己可能会升职，你就不会在工作上付出更多努力。如果你认为自己找不到恋爱对象，你就不会尝试结交新朋友或积极进行约会。

焦虑心理的第二个组成部分是，如果我们恐惧的事情真的发生了，我们就会低估自己的应对能力。我们告诉自己，我们不可能控制大脑产生的可怕情境："不可能，我甚至不知道该做什么""我不会处理这个问题""那样会杀了我的""我会发疯的"。面对可能发生的逆境，我们会想象出自己陷入焦虑的恐惧之中。这就加强了一种不可信的观念，即忧虑本身就能保证我们的安全："如果我足够担忧，我就会没事的""如果被这个项目弄得心烦意乱，我会更加努力工作""如果我让自己对此烦躁不安，面临崩溃，当它真正发生的时候，我就会做好准备"。

这种模式是可以打破的。你的应对能力远远超出你的想象。如果仅仅是因为你不想处理某件事，或者这件事很难，也不意味着你不能有效处理。生活中，你已经应对了很多事情。只要做，你就会成功。

策略 1：挑战过度概括化

也许你已意识到自己的一些焦虑思维是过度概括化的。尽管如此，你仍然无法摆脱这种恐惧或想法。你应该开始挑战那些过度概括化。遇到挫折时，问自己以下问题，如果可以，把回答写下来。

操作方法：

1. 你能想起过去某次你结论不正确的情况吗？

2. 你能想象在未来的某个时间或事例中，你的结论可能不正确的情况吗？

3. 从 0 到 100%，你觉得你现在恐惧的事情有多大概率真的会发生？

4. 你能从相信这种想法中得到什么呢？比如，你相信某个信念会在某种程度上保证你的安全吗？

5. 相信这种想法会有什么后果？比如，你会放弃追求自己想要的东西，会阻碍自我实现吗？

策略 2：给过度概括化贴上标签

正如我们所知，我们的忧虑和灾难化想法经常重复上演。我们有时会有一些新的想法，但通常类似的想法还是会不断重复，并反映出我们对自己的核心信念。打开本子，回顾本章之前记下的想法。

勾选出反映过度概括化倾向的想法。过度概括化的可能表现包括以下内容。

操作方法：

1. 举出某个令人不安的事例，这个事例可能会在各种情境下反复发生。

2. 极端的话语："这种情况总会发生""这样永远也不会好起来""没有人会喜欢我""我永远不会赢""我总是最慢的""我是个笨蛋"。

3. 当你遇到挫折或收到负面反馈时，你就会想要放弃，而不想付出努力实现自己的目标。

策略3：不要低估自己

尝试进行以下想象训练。

操作方法：

1. 想一个更令人不安的想法或最坏的情况。在你的脑海中，把害怕的具体事件描述出来，就像它真的发生了一样。想象一下你在哪里，你在和谁说话，或者你得到了什么消息。

2. 现在，想象一下你最糟糕的情况、障碍、挫折或尴尬的情景，但是也要想象出你能独立有效地应对你的情感或其他害怕的挫折的情景。

3. 不要因为焦虑或恐惧而惊慌失措、选择放弃或痛苦不安，代之以维持现状。你要挑战自己，想办法有效地应对你最大的恐惧。

4. 想象自己使用了一种策略（如深呼吸，使用内心支持性语言，提醒自己要实现更大的目标，等等），而且效果不错。你向自己证明你可以应对，你会找到一种方法，让自己走出困境，进入一个更舒适、更有思想的环境。

通过这个训练，你将能够更好地处理真实发生的事情。

本章小结

- 成为自己思想的观察者，而不是响应者。

- 记录自己的想法，提高对焦虑思维模式的认识。

- 通过认识思维模式的错误，辨别核心信念、焦虑的触发因素和过度概括化，使焦虑的想法不那么具有威胁性。

- 提高解决问题的意识，而不是做无谓的担忧。

- 当你对未来的可能性感到焦虑时，问问自己："我是不是低估了自己的能力，或过度概括化了呢？"

第九章

挣脱束缚：从自我对话开始

告别"粉红独角兽"

当一个人的内心充满了对善恶、是非的严格评判时，焦虑也会随之剧增。对自己说的话会影响我们对自己的看法，影响我们与他人沟通的方式，影响我们对自己的能力和价值的信心。当一个人对自己的论述总是概括化言论时，焦虑也会被进一步放大——总是，从未，永远，一切，什么都没有。想一想以下两个句子，哪一个句子的语气更为强烈：

1."我糟透了，我永远也不会生活。"
2."我很孤独，需要加强学习社交技能。"

对比来看，后一句话还是充满希望的。它承认这种情绪，但也确定了可以学习一种特定技能来帮助缓解孤独感。

如果你正在对抗焦虑，那么很有可能你的内心言论过于严厉和苛刻。也许你对某些情境和事件的焦虑想法和行为，与你预测到的他人批评有关，而与情境本身关系不大。

想象一下你的一个朋友，每次你遇到挫折时，他都会告诉你是你的哪些行为导致了这个问题，还会提醒你过去总是在做同样的"坏事"，这可能就是你对待自己的方式。那些让我们自我感觉良好、让我们感到舒服自在的人是我们最容易相处的人，让我们放心。所以，开始像一个热情、善良的朋友或家人那样与自己相处吧。当消极、焦虑的想法出现时，要转变脑海中浮现的话语，进行自我支持，积极、充满正能量，这样会让你舒服一些——当然，如果你愿意的话，不妨直接认为那些消极话语都是废话。

策略 1：注意你的自我对话

我们怎样对自己说话会对焦虑产生重要影响，然而，我们总会让焦虑的自言自语一次又一次地自动上演。根据你自身自我对话的情况，考虑以下几个问题，这样你就能让自己脑海中的声音多一点正面评论，少一点苛刻评判。

操作方法：

1. 内心对话的基调或语气是什么？是吵闹又不耐烦的，还是温暖而宽容地对待你和你眼前的世界的？

2. 当你心烦意乱的时候，你内心的声音会试图安抚你吗？还是说会有一些让你感觉更糟的、激烈的、评判性的言论，比如"那很糟糕""你很差劲""你永远都做不好""人们讨厌你""你是失败者"。

3. 你内心的声音会剥夺你的快乐时光吗？当你感到快乐或放松的时候，会不会有一种声音突然响起，告诉你，你有事情需要做，有任务需要完成，或者有害怕的事情可能会发生？

4. 有没有某些工作、爱好或人给你带来更仁慈、温暖的感觉，让你的内心世界更柔和，不那么苛刻？如果有的话，你应该多做一些这样的事情，多和这些人交往。如果没有，尝试参与一些不同的活动，认识一些不同的人，找出那些能展现你柔和一面的人或事。

培养自己放松和平静的能力，鼓励自己进行自我对话时要富有同情心，对自己更宽容。自我慈悲意味着要多理解和包容自己的不足之处，包括对抗焦虑。宽容意味着当你遇到挫折或发现自己的缺点时，内心独白对自己要更友善一些。

策略2：粉红独角兽

写一些富有同情心的自我对话，而不要想关于"粉红独角兽"（译者注：指想刻意压抑的某个念头或事物）的事。无论你做什么，都要坚持写关于富有同情心的内心叙事，但一定不要去想粉红独角兽。当你做这件事的时候，粉红独角兽应该不会出现在你的脑海中。每当你想到粉红独角兽时，就在本子上画一个叉。

效果怎么样？你能不去想粉红独角兽吗？或许并不能，因为：告诉自己不要想某件事时，其结果却会产生完全相反的效果。这就是为什么当我们感到不安时，好心的朋友或爱人说"别再想这些了"或者"一切都很好，别再担心了"的时候，我们依然会感到沮丧的原因。

哈佛大学思维抑制研究方面著名的社会心理学家丹尼尔·韦格纳（Daniel Wegner），曾要求实验参与者在确保不要去想白熊的同时，口头分享他们的想法。参与者被要求每次想到白熊时就按铃。即使要求参与者不要去想，平均来说，他们每分钟都会不止一次地想到白熊。

当我们压抑思维时，我们实际上是在告诉自己"不要再想这些了"。这样大脑就会监控自己，因为我们的确又想到了"那个"，并把"那个"带到了我们的自觉意识中。与其严格要求自己不要去想，或者不要去担心这个或那个，不如想想去挑战那些带来焦虑的思维。

策略3：消除负面思维

当你有一个想法不停地在心里出现时，就把这个想法记下来。

操作方法：

1. 是什么触发了这种想法？当这个想法出现的时候，你在做什么或者在想什么？

示例：想要邀请邻居一起聚餐。

2. 随着这个触发因素出现的是什么想法？

示例："没有人会和我说话。""我会觉得自己像个局外人。""我会感觉不安全。"

3. 当你有这些想法的时候，把你感觉到的情绪和每种情绪的强度用 1 分（低强度）到 10 分（极端强度）的分值标出来。

示例："不胜任感：5 分；脆弱：6 分；焦虑：9 分；恐惧：9 分。"

4. 有什么与第二条不同的想法吗？

示例："他们邀请我去参加聚会，所以至少有人想让我去。""我确实偶尔会和邻居们闲聊。""我们住在同一个社区，所以我们至少是有共同之处的。"

5. 你能想出一个不那么消极但仍然现实的替代想法吗？

示例："即使不是每次聊天都有人邀请我，但我也曾被邀请过，而且我们住在同一个社区，所以我不是完全的局外人。"

6. 回顾一下第三条列出的感受。当你记住上面的新想法的时候，对每一个想法进行评估。感受一下这种感觉的强度是否降低了，哪怕只有一两分之差。

示例："不胜任感：2 分；脆弱：5 分；焦虑：7 分；恐惧：7 分。"

每当负面思维出现在自觉意识中时，要富有慈悲心地承认它："我看到你了，负面思维。"然后想出一个更符合实际的想法："嗯，至少他们邀请我了。"

来一场头脑风暴

在心理学中，当个体遭遇负面事件后，个体思维反复思考其结果或影响，这种倾向被称为反刍思维。反刍思维是指内心专注地将注意力放在焦虑不安等消极情绪，以及可能因为这种消极情绪而出现的所有前因后果、未来可能发生的事件或风险上。

比如，你独自坐着，想着自己在学业和事业方面比同龄人落后。然后你的思想就会担心这种情况永远不会得到改善，并且想象到未来的自己总是能力不足，缺乏专业技能。接下来，你首先会进行自我批评，思考为什么会发生这样的事情。然后你也许会开始想办法回避那些可能会问你相关问题的人，比如问你是做什么的，或者问你在哪里上的大学。

很多人都会焦虑，因为他们相信自己必须解决问题，必须应对他们所面临的问题。提醒自己什么是值得关注的，什么是可能值得关注的，是回避自我否定和避免产生灾难化想法的一种方式。

事实上，反刍思维本质上是一个被动的过程，只会导致更焦虑的想法。在脑海中过度思考，不利于我们思考其他问题或想出解决问题的有效方法。

策略 1：头脑风暴

采取更积极、更直接的方法来解决忧虑。头脑风暴是一种技巧，它通过承认没有"正确"的决定或"正确"的方法能解决问题，来减轻自己的压力。

操作方法：

1. 选择一个你经常担心的问题，或者一个你突然想到的新问题。

2. 现在，写下你能想到的关于如何处理这个问题的想法，尽量多写一些。不要在意这些想法有多古怪或多么不切实际。没有规则，任由创造性想法充分涌流。

3. 这样做的目的是打开你的思路，避免重复的思维模式。事实上，试着想出一些天马行空的解决方案，可以降低你对某种事物的担忧程度。我的一位患者正在为如何应付一位难相处的室友而绞尽脑汁，她突然想道："每次她惹我生气的时候，我就开个玩笑。"刚开始，她觉得这样做很傻，但这个方法奏效了，因为这减轻了她的紧张情绪，让她不再过于在意室友的一举一动。

4.一旦有了多种解决方案，想想每种可行的解决方案将如何帮助你解决问题或是阻碍问题的解决。有些方案可能会让人觉得根本不可能解决问题，或是会让人觉得对于解决问题的帮助不大。所以，选择一个合理可行的解决方案很重要。

5.采取有效行动，积极地做一些事情来缓解你对这个问题的焦虑感。

策略2：忘却无助感

当你发现自己焦虑或忧虑时，注意一下自己是不是觉得生活和其他人都在与你作对。即使你的抱怨可能是有道理的，但沉溺其中并不会帮助你实现目标，更不会让你感觉好起来。相反，专注于你能控制的事物可以帮助你感觉好起来。不要去理会那些受生活或环境摆布的感觉，这样有助于产生安全感和平静感。下面这个方法可以让你不再无助地面对困难。

操作方法：

1.选择一个焦虑的想法或担忧的触发因素。

2.辨识出那些让你对这种特定的担忧感到无助的想法，比如"我永远也找不到办法""事情总是这样"。

3.提出三个你可以执行的操作步骤，并且它们都在你的可控范围之内。

4. 采取行动。

示例：蕾拉（Layla）很担心那场即将举行、她不得不去参加的婚礼。但因为她已经和许多受邀参加婚礼的朋友失去了联系，所以她感到不知所措，担心朋友们会怎么看她，又担心自己怎么在社会上进行人际交往。为了不再深陷其中，并出于为自己健康状况着想的考虑，她问自己可以做些什么来改善这种情况。

5. 在婚礼前联系老朋友，可以发短信、打电话、写便条等。

示例：在婚礼举行之前，蕾拉就联系了一些朋友，甚至还和一位朋友进行了视频聊天。

6. 想象这一天能够按照希望的样子进行。

示例：蕾拉想象着婚礼当天的情景。她想象到一些尴尬的遭遇，甚至有种置身事外的感觉，但在她的想象中，她能够有效地应对和处理这种情况。她想象着在婚礼结束后，为自己的表现感到骄傲。

7. 练习深呼吸、瑜伽或正念冥想。

示例：蕾拉每天练习 10 分钟的正念呼吸。

重要提示

你也可以如其所是地接受现状，而不用做什么。每当恐惧出现时，要练习接纳，而不是反刍式思考。

策略 3：焦虑心态的成本效益分析

有时候，清楚地看到焦虑心态给你造成的影响，可以促使你放下焦虑，回到当下。带着这个目标，进行成本效益分析，分析如果你继续为自己正在反复思考的事情感到焦虑，这对你是否有利。写出担心某个特定问题的后果和好处。

操作方法：

焦虑的成本：

我脱离了当前的生活。

我感觉很糟糕。

我很紧张，身体也不舒服。

我被困住了。

焦虑的收益：

如果我担心的坏事发生了，我不会感到惊讶。

我会保持警惕，这样可以保护我。

确定一下哪些成本是你愿意接受的，哪些选择会让你更接近你的长期目标，让你的生活趋于平静，远离焦虑。

重要提示 \\\\\

焦虑减轻后，注意回顾成本和收益，这可能会非常有效。一旦焦虑强度减弱，你的大脑就有足够的时间来解决问题，并以更广阔的视角来看问题。

你≠你的思想

当我带着年幼的儿子去游乐园玩时，他兴致高昂地希望我陪他坐摇摇欲坠的老过山车，我对此非常焦虑。当他高兴地拉着我去排队时，我担心地想："它那摇摇欲坠的样子，又老又旧，如果它跑出轨道可怎么办？""如果我们坐到一半，安全带坏了怎么办？""如果安全机制失灵了怎么办？""如果他们没有遵守规章制度操作怎么办？""如果……如果……如果……"几分钟之内，我完全相信了如果我们坐过山车，一定会有灾难性的后果发生。然后，我就想我们两个还是不要去冒险了。

突然，仿佛从恍惚中醒来，我看见操作员打开了过山车车厢的门，我们跳上了过山车。随着过山车开始加速，恐惧的想法再次出现在我的脑海中，现在，担心只是刚刚开始。

看到儿子在空中举起双手，大声欢笑，我开始意识到他的活力和兴奋。而我也感受到了兴奋——与恐惧的想法截然不同的兴奋。虽然这些想法并没有消失，但我不再受其摆布。我精力充沛，我活在当下，我正在感受那一刻，我虽然焦虑，但正在感受一段激动人心、令人难忘的经历。

就像看一部引人入胜的电影一样，某个特定思维的变化有可能将我们完全引入其中，以至于没有一个"我们"能跳离这些想法。这些想法变得无所不能，替我们做出选择，限制我们的感受，告诉我们什么是对的，什么是错的。只有打破这种恍惚的状态，我们才能看清事物的本质。

大脑为我们提供了大量的想法，其中很多是没用的，甚至是错的。认真对待每一件事，就像参观一个美丽的海滩，却把全部的时间都用来数沙子。

也许直到目前为止，你都没有意识到，思想并不全是对现实生活的真实反映。当想法出现时，你就会非常重视。你感觉到它，担心它，甚至可能为它殚精竭虑。接受表面意义上的想法，会让你在某个特定时刻所想的事物与你的本身融为一体。

在作为观察者的你，和思想者的你之间应该留有一个空间。你不是你的思想。你是领导者、管理者、指挥者——要监督和观察你的思维变化。

策略 1：成为一名观察者

观察思想和情感，就像是站在一块高高的岩石上观察大海，

观察它的诸多起伏变化。你会注意到海浪，时而汹涌澎湃，时
而平静安详，有时也会介于两者之间。由于站在岩石上是安全
的，你能够轻松地标记出你正在观察的事物。你并不是正在体
验这些变化，你只是注意到了这些变化。

即使身处飓风中，大海最终也会恢复平静。从现在开始，
学会观察自己。要意识到，即使你的大脑可能为各种焦虑的情
景所困扰，但它最终还是会回到一个更平静的思维模式。而平
静的大脑将再次变得不安，这是不可避免的。一时间占据你思
想的情感或想法最终会消失，取而代之的是新的情感和想法，
这就是大脑的本质。

操作方法：

1. 静静地坐着。想象用来观察自己的那部分自我是独立于
思想和情感之外的。

2. 注意自己思想变化的方向，以及伴随而来的身体感受。

3. 也许你注意到自己内心紧张，手心出汗，或者头痛。

4. 给这些特定的感觉贴上标签，但不要把你对自我的认知
和意识与这些感觉混在一起。比如，"我注意到我很紧张而且忧
虑"，而不是"我是一个神经衰弱的人"。

如果你坚持练习，你会发现思想、情感和感觉都会过去，

然后被其他情绪取代，最终会重归平静。当你意识到这些想法是暂时的，而不是现实的直接反映时，你的想法便不会再令你恐惧。

策略 2：对抗焦虑

通过看清与焦虑对抗这件事，是如何限制和定义了你的人生全局，来培养放松和平静的能力。

操作方法：

写一段关于焦虑的经历。作为个人来说，与焦虑的斗争如何影响着你？你是什么时候开始对抗焦虑的？又是什么让你一直焦虑？你觉得焦虑会阻碍你的人生吗？由于与焦虑做斗争，你认为自己变成了一个什么样的人？

你可以放弃与之对抗。想一想：如果你能更好地应对焦虑，你会发生怎样的转变？

操作方法：

再写下一段，再次描述你所承受的现实，但这一次是在你已经放弃对抗焦虑的情况下。你接纳了你的焦虑；焦虑如其所是。同时，想象自己已经找到了有效处理和应对焦虑的方法。

你能够感受快乐，活在当下，并与他人进行交往。如果焦虑不再支配你的人生，你认为自己将会成为什么样的人？

我们对自身成长能力的认识取决于我们如何看待自身所处的环境。现在，我们要开始把自己视为是可以从焦虑中康复的人，就像其他大多数人一样！

策略3：火车站

这一策略可以帮助你观察和注意自己的感受，而不会被它弄得不知所措。

操作方法：

1.想象一下，你独自安全地站在一个大型火车站中央的高架平台上。你可以鸟瞰每条轨道，看到每列火车进站和出站。你会看到一些火车离开几分钟后就又重新进站，一些火车可能需要过很久才能重新进站，而一些火车根本不会再回到这个车站。有些火车在离开车站之前会停一会儿，而有些火车到站后会立即出站。

2.把自己的想法想象成这些火车。你正在观察不时冒出来的各种想法，有些想法挥之不去，有些想法出现后会很快消失。对此，你除了能像观察火车进出站一样留意到自己的想法，其他的你什么也做不了。对此你无须控制，也无须产生紧迫感，没必要像对待工作一样有强烈的责任感。

3. 类似于"红色火车"或"绿色火车"，看看你是否能在每一列火车（想法）进站和出站（你的大脑）时给它们贴上标签。不要评判或批评，把你脑海中出现的想法在本子上写下来或大声说出来。看看你能否把这些想法分成更大的类别："忧虑的想法""灾难性的想法""关于家庭的想法""关于自尊的想法""未来的想法"或"工作上的想法"。每一次当你把某个想法标记为某个类别时，这个想法就变得不那么有说服力，也不那么重要了。

焦虑在提醒你什么

你有没有想过为什么我们总是把更多的注意力放在消极的想法上而不是积极的想法上？为什么我们在事情发生几周甚至几年后，还能记得那些批评的话语或不愉快的社交活动？"消极偏见"是一个术语，即负面的想法、情绪和互动给我们的感受比积极或中性事件给我们的感受更深刻。

研究表明，相比于正面信息，人们更容易记住负面信息。比如，更容易记住某人生气而不是高兴，处理消极事件总比处理积极事件要花费更多的时间和精力。这种偏好是我们进化过程中的一部分。从生存的角度来看，忽视负面信息的代价远远大于忽视正面信息的代价。

想想早期的人们如果没有看到长满可食用浆果的灌木丛，会发生怎样的结果，他们也许会错过这些吃的，但是不会饿死。但如果他们没有回头，没有看到尾随的狼群，他们可能就活不下去了。

由此可知，消极偏见是帮助我们的祖先生存下来的重要因素。但在当今世界，我们很少有人在日常生活中面临真正的威胁，这种偏向可能会导致许多不必要的、令人疲惫的担忧。

当我们变得过度焦虑时，消极偏见往往是幕后的罪魁祸首。我们会观察环境和自己，寻找可能的威胁，然后，尚未深思熟虑就预测出未必准确的坏结果。

你可以把每个消极想法转为待为尝试和检验的预测，从而摆脱那些用来看待自己和世界的无用习惯性模式。

策略：焦虑在告诉你什么

当陷入焦虑思维时，由于你把它当作一种信号，甚至是一个命令，因此你会担心和反复考虑，这时的你无法正常思考。这可能就是消极偏见在作祟。

然而，如果这种焦虑思维并不是让你停下来或束缚你行动的信号，而是在告诉你，你真正关心或渴望的东西处于危险之中，你会怎么办？当你意识到自己在做焦虑的预测时，完成下列做法，看看焦虑的另一面是什么，然后再来检验你的预测。

操作方法：

1. 写下一种焦虑的预测或想法。

示例："如果我开车，就会惊恐发作。但是我已经很长时间没有见到妈妈了。我总是担心自己为什么不能开车。我也因为自己的身体太虚弱而难过。"

2. 写下为什么这对你很重要。

示例："我想去看看自己年迈的母亲，和她生活一段日子。但是她住的养老院离这儿有一个多小时路程，所以我得开车去。我已经很久没有陪母亲了，但我无法处理对于开车的恐慌。"

3. 写下可能会帮助你的策略。

示例：进行渐进式肌肉放松法练习、深呼吸练习、引导性想象练习（想象自己开车，并且能够应对突发情况，然后安全抵达）。练习积极正面的自我对话（"我可以，我会开车去看她"）。

4. 检验焦虑预测；看看你的假设是否准确。

示例："我开车去了妈妈的养老院，虽然我感觉很不舒服，但是我没有失控，也没有惊恐发作，而且我见到妈妈了！"

下面是一些具体方法，可以检验常见的焦虑预测，这样就可以开始着手检验你的预测了。详见表9-1。

表 9-1　焦虑预测检验表

焦虑会告诉你什么	如何检验
我担心飞机失事，我会死的	进行放松练习、想象练习、深呼吸练习，然后乘飞机
我担心人们会不喜欢我，我会被拒绝	去参加聚会、工作活动、社区活动，试着多和人们交流；多问问题；不要总是缩在角落里
我永远不会成功	参加新课程，参与新的工作项目，培养新爱好；做些东西，养养植物，弄个花园
我永远不会被爱	问问家人他们是不是爱你（即使是家人也算数！）；养一只宠物；宠物的爱是无条件的
这个世界与我为敌	关注一些小事情：交通畅通，天气好，有一个善良的人在某件事上帮助了你；捕捉世界对你的善意
我很没用	做一些让自己觉得有能力的事情：建一个花园，照顾老人或孩子，主动帮助邻居，打扫家里的卫生，洗车，规划某项活动并且坚持下去

现在，进行一个焦虑预测，提醒自己，为什么这对你很重要，而且你要想办法解决，选择一个对你有帮助的策略，走出去，行动起来，检验它！

本章小结

- 训练大脑进行自我慈悲和自我接纳。

- 用现实的想法代替焦虑和消极的想法。

- 制定目标，并采取行动来减少思维反刍。

- 到外面的世界去，检验一下你的焦虑预测，看看它们是否准确。

第十章

日常实践：再冷静一些

重新享受拂面清风

　　无论你是一生都在对抗焦虑，还是第一次与焦虑抗争，你都可能经历过绝望的时刻。焦虑可能会让你怀疑自己进步的能力。难怪你会产生这样的感觉，因为焦虑可能已成为你的一部分，或是你无法摆脱的阴影。以下方法可能帮你实施你正在学习的策略，养成更长久的习惯，让你不再绝望无助，走向你向往的、令你满意的人生。

　　如果在焦虑触发时，你能持续学习放松和平静的技能，你的焦虑模式最终将被打破，你将面向更广阔的世界，养成新的思维和反应习惯。重要的是，记住改变大脑思路需要时间并坚持练习。只有觉得自己再也无法忍受，想要放弃的时候，我们才会得到最大的收获。在时间的长河中，你将会忘记自己是在练习健康性应对方法。相反，你会享受微风吹拂在脸上的感觉，享受当下的生活。

想一想，如果你继续这样做会发生什么。也许你的基线焦虑水平也就是你大多数时候的感受，在 1 分到 10 分的范围内是 6 分（1 分是完全放松，10 分是完全的焦虑崩溃）。一旦这些策略成为习惯，你就会发现自己的基线下降了，可能是 3 分或 4 分。这就是一个显著进步，也是你所有努力的回报。一旦你的整体焦虑水平降低，即使只是降低一点点，也可以帮助你更简单快捷地成功战胜那些痛苦性想法和重复性想法。

在结束这部分的时候，花一点时间来调整你内心的想法。是严厉谴责自己本该多做一些，还是提醒自己做错了什么？或是批评自己没有言出必行？记住，你不是必须要练习本书中的内容。在摆脱焦虑的方法上，没有什么"对"与"错"或"应该"与"不应该"，能够带你走出困境的是你做出的选择。

你想以一种不同的方式生活吗？如果答案是否定的，你就不会在任何层面上采用这些策略。所以，每天给自己一个承诺，去解决焦虑，不管付出多少努力。如果你某一天没有做到，就重新开始，不要批判，不要自责，只是怀着纯粹、明确、执着的决心重新出发。

定个闹钟：不断训练

回顾你在第四章开始制定并在第七章进行修改后的规划，再想一想你的规划措施落实得如何。你有没有贯彻自己为实施策略而制定的规划？

考虑用手机或电子日历在你的规划措施中增加一些每日提醒。为了保持放松和专注，你可能需要提醒自己"深呼吸"，或者提醒自己进行"积极正面的自我对话"，进而意识到在脑海中是如何进行自我对话的。

回顾一下你在前两章中学到的内容，确定你想将哪些策略纳入当前的计划中。试着每天在相同的时间点或时间段进行对抗焦虑的相关工作。一个精确的时间点可以暗示大脑加快"同一时间激活的神经元相互联结"的过程。

用表格鼓舞自己

将新行为变为习惯的最有效方法之一，就是记录自己正在做的事情。若想取得长足的进步，重点是建立一个系统，每天记录你使用的策略及焦虑程度。正如我们之前所见，你可以在本子上绘制图表，简便快捷地记录进度。请看表 10-1 示例。

表 10-1　应对焦虑策略每日进度表

策略	星期一	星期二	星期三	星期四	星期五	星期六	星期日
"想一想"和"亲身感受"							
记录你的想法							
箭头向下技术							
检验你的核心信念							

（续表）

策略	星期一	星期二	星期三	星期四	星期五	星期六	星期日
确定你的焦虑触发因素							
可能性结果和潜在结果							
有效性担忧和无效性担忧							
发现过度概括化							
不要低估自己的能力							
留意你的自我对话							
粉红独角兽							
用积极思维取代负面思维							
抛弃无助感							
成本效益分析							
成为一名观察者							

（续表）

策略	星期一	星期二	星期三	星期四	星期五	星期六	星期日
火车站							
你的焦虑在告诉你什么							
评估焦虑（从1分到10分）							

　　每天检查一下你在第八章和第九章中使用的所有策略，或者将对你最有用的策略制作成一个表格版本。另外，一定要对你的焦虑进行评估，用1分到10分的分值，1分是完全放松，10分是完全焦虑崩溃。

瞄准你的"浮标"

对抗焦虑就像对抗洋流。我们花了太多时间来踩水以维持浮在水上，以至于没有精力去关注真正的目的地。求生模式会产生消极影响，尤其是在应对焦虑方面。首先，求生模式在坚持摆脱焦虑折磨的方面并不能取得明显收益。其次，求生模式会让我们陷入一种精神状态，在这种状态下，我们既不能完全活在当下，也不能享受最珍惜的东西。

从踩水中休息一下。想象你安全地坐在船上，即使只是片刻。从这种视角出发，你可以观察到自己的焦虑感在盘旋上升，你不再被其吞没，不知所措。从这一角度，想一想你应对焦虑的目标：

1. 你为什么拿起这本书？

2. 你想达到怎样的目标？

3. 你想要怎样的内心感受？

4. 你如何看待自己希望能应对焦虑的想法？

人们通常明白这些，却依然会自我怀疑，说服自己放弃目标，因为他们担心目标难以达到，或者没有足够的能力去完成具有挑战性的任务，终将失败。请记住，全世界的人都在与焦虑做斗争，并且已经变得更好。这并不是说他们再也不会感到焦虑，而是他们找到了应对方法，以健康的方式来处理问题，活在当下。焦虑是可以治疗的，也许比任何其他心理健康疾病有更好的治疗效果，通过不断运用新的思维方式和应对方法，人们会变得越来越好。

设定一个目标并坚持下去，就像在大海中踩水时，先发现一个浮标，然后到达那里。每一个浮标都指向下一个浮标，不知不觉中，你就看到了地平线上的海岸。投入精力、努力实现目标，会帮助你相信自己，增强自尊，让你的焦虑看起来不再那么令人生畏。

每日策略

从本章前面的表格中选择一些策略，你可以每天使用，或每天不同侧重地使用。比如，标记某一天为"积极正面的自我对话日"，这一天，你要注意自己的内心叙事；或者标记一天为

"找出思维错误日"，这一天，你要专注于那些可能会让你产生焦虑的夸大性或非理性思维。另一个有效策略是针对每天的想法，即"成为一名观察者"。哪怕只有 5 分钟，也要注意观察你脑海中闪过的想法，不要过分相信它们，也不要急着把它们拒之门外。

每周策略

选择一些基础的策略，你可以将其运用到每周行程之中，至少要用三次。这些策略并不需要花费很长时间，只要在你的生活中合理地应用就可以了。比如，你可以结合使用"抛弃无助感"的概念，采取一个合理可行的措施来对抗让你焦虑的事情。或者对焦虑预测进行检验，以此来挑战至少一个焦虑的信念。

标记"红色区域"

回顾一下你在第四章和第七章中制订的每周策略计划。花点时间回顾一下这个月的实施情况。如果你还没有这样做，就在工作、社交、家庭活动和约会后写下来。

如果我们每天都教大脑新的策略和技术，就会很快形成习惯。此外，当我们有一个可靠的计划并且坚持下去时，焦虑就会减少。

从第八章和第九章中选择一个你愿意这个月每天都使用的策略。在日历上标记红色、黄色、绿色区域来评估即将发生的情况。红色区域是容易感到焦虑不安的情况；绿色是你希望能放松下来、感到内在压力变小的情况；黄色是程度适中的情况。

退一步想一想，哪些红色区域可能会触发焦虑。在你预期会触发焦虑的日子或时间里，或者在日历上看到红色区域时，写下一个（或多个）你认为特别适用于特定焦虑情绪触发因素的策略。比如，如果你预计有一些会让你反刍思考或过度思考的事情，那就把你的想法记录一周。此外，如果你害怕一种境遇，想一想是不是低估了自己的能力，忽略了能够帮助自己度过困境的能力和优势。

坚持打卡，完善计划

对于真正持久的改变，重要的是打卡检查一下，看看自己的进步如何。否则，你可能又会回到原来的习惯中。

自行打卡检查可以帮你专注于目标，并注意到哪些策略是有效的，或者你可能想要添加或改变哪些策略。看看哪些部分进展顺利，也看看你在通往平静生活的道路上忽略了什么。当你遇到挫折时，要重新开始，再坚持下去。重新连接大脑，养成新习惯，需要不断地练习和时间的累积。

操作方法：

首先，每隔几天就回顾一下自己做得如何。当你发现症状有所改善时，开始每周回顾一次，最后每月回顾一次。

1. 你的每日目标完成得怎么样？

2. 你的每周目标呢？

3.根据 1 分到 10 分的评分，你是否注意到自己的症状有所改善呢？

一开始，焦虑的改善可能并不明显，但只要你的焦虑程度有所降低，哪怕是从 8 分降到 7 分，也是一种进步。如果并没有像你想象中那么成功，试试不同的策略。把你一直在使用的策略换成其他策略，诚实地说出是什么阻碍了你取得更大的进步。提醒自己，你想要，你可以，也一定会拥有平和的心境和有意义的生活。

继续前行

每当我们想要做出改变或学到新事物时，都会经历失望和障碍。当你遇到挫折时，花点时间想一想，你对改善自己和学习新技术的能力有哪些消极的想法或信念。

比如，你可能会想到，"做这些训练会改善我的焦虑"，但同时你也会认为，"这些训练很难，所以我可能不会有任何进步"。考虑一下，结合更现实的想法。比如，"其他人都已经这样做了，并且也变得更好了，也许我也可以改变"，或者"我并不需要一直执行这些策略，也不需要改善得接近完美"。

每一天你都在向情绪自由的目标更近一步。不要放弃，你会从焦虑中走出来，走到焦虑的另一面。另一面是什么呢？放松身心。这种放松能够让你稳步走出舒适区，这样你就不会再错过所有生活。你可以，也一定会实现目标，跟上时代，充实地生活在当下。

本|章|小|结

　　阅读本书中的策略意味着你不想让自己再陷入焦虑的生活。仅仅是这个改变，给自己新的思维方式，控制焦虑，也许就比其他任何改变都更能带给你应有的平静。现在，继续前行。不要放弃，毕竟你已经努力了这么久。

第十一章

未来之路：清单和注意事项

找到长期愿景

据估计，美国有五分之一的成年人符合焦虑障碍的诊断标准。焦虑障碍很普遍，且治疗效果非常好。然而，我们怎么才能知道谁会摆脱焦虑，变得更好，谁又不会呢？其实，在临床实践中，我发现了一点，而且这个现象也具备研究理论的支撑：当人们采用以下三个"信念"时，他们通常能够很快学会如何控制焦虑症状。

1. 相信自己需要改变：总是做同样的事情会让你停滞不前。敞开心扉，接受新的思维方式和行为方式，你就会开始改变。

2. 相信策略：改变过程中的自我怀疑和事后批评只会分散你的注意力，不利于养成新习惯，无法帮助你摆脱焦虑、保持心态平和。本书中的策略都是基于实证研究的，这意味着研究已经证明了策略的有效性。策略奏效，真实有效！

3. 相信自己的成长能力：正如我们所见，全世界和你一样在对抗焦虑的人，都能收获长久的内心平和，那么为什么不能是你呢？相信自己，你就能控制自己的焦虑。

回忆：我最大的胜利

认真想一想，在阅读这本书之前，是怎样的情绪和习惯控制着你的人生。现在，就像回放一系列体育赛事热点一样，看看你迄今为止取得的最大胜利。以往也许除了焦虑，你看不到其他情绪，但现在你不再害怕面对焦虑，并且能够理解自己的真实感受。或者你已经找到了放松身体的方法，身体不再那么紧张了。

也许，你已经不再回避某些长期以来让你感到恐惧和忧虑的事情。也许，接纳，即焦虑是人类经历的一部分，这一概念已经在你心里占据一席之地，所以现在，有一个"你"已经在摆脱焦虑了。

或许，你已经找到了摆脱或挑战自己恐惧和焦虑思维模式的方法，甚至你可能已经有空间观察自己的想法或感受，而不再感到不知所措。

如果你正在尝试以不同的角度对抗焦虑，如果你正在采用新的思维方式或行为方式，那么你就是胜利者。现在，继续坚持做行之有效的事情吧。

厘清：我最大的挑战

到目前为止，你面临的最大挑战是什么？也许，你还在继续奋斗，还没有取得任何进展。或者，你觉得目前的进步还太小，效果不够显著。

当你没有看到可观的变化时，你是无法相信自己和治疗方法的。那么你需要仔细回顾实际上你是如何做的。

操作方法：

1. 你坚持这些策略了吗？

2. 你相信这些策略会奏效吗？

3. 你相信自己有能力去改变，过上渴望的生活吗？

此外，想一想，是否有某些特定的策略，甚至是本书的所有策略，让你觉得特别具有挑战性。想一想对于你来说，最难接受、学习和改变的部分是什么。想一想你是不是可以寻求其他手段支持，使你从中受益（更多关于治疗和药物使用的内容，请参阅第十二章）。要直面困难，对自己给予慈悲，不要放弃。

幸福不会一帆风顺

改变不会总是顺利的，尽管我们经常认为它应该如此，这就是为什么当面对挫折时，我们会进行自我批评，开始自我怀疑。这种想法会阻碍进步，导致我们彻底放弃。

现实是，在改变的过程中，挫折和失败对每个人来说都是不可避免的。我们的大脑具有神奇的能力，能够重新调整、成长、改变；然而，我们的大脑也会坚持已经形成的习惯。这种矛盾的紧张关系意味着改变不会一蹴而就，也不是轻而易举就能实现的。长久的改变，真正有效果的改变，需要时间和坚持。

每当你遇到障碍时，与其自我批评和自我挫败，不如把它看作成长和进步的信号。毕竟，如果你一直坚持在做正确的事情，你就不会遇到眼前的困难了。当你在减少焦虑的道路上停滞不前，甚至完全停滞时，你也仍在进步，而且比你想象中的更大，这也正是挫折会困扰我们的原因所在。挫折是大脑调节过程的一部分。坚持下去，不要放弃，尽管可能会一次次失败，但只要坚持回归策略，就一定会有效果。

策略：充满感恩，积极生活

认识我们所感恩的事物能够增加幸福感、满足感和内心的平和。正如我们所知，消极偏见作为一种生存机制存在于我们的大脑中，使我们更善于认真思考，反复思量，尝试解决负面问题，而不是正面问题。如果这个过程中没有快乐或满足作为缓冲，我们会变得更加焦虑。

其实，我们可以轻松克服消极偏见，每天只需几分钟。养成习惯，每天确认两三件你喜欢的事物。你可以把这些内容写在本子上，或者在心里考虑。重要的是，要有意识地、刻意地去关注生活中进展不错的事情，或者是至少比较顺利的事情，要重视自己的积极心态。

勇于尝试

一旦你的策略成功见效，要将其坚持下去，进入下一个阶段。在不同的环境、不同的场合，都要坚持多次练习这些策略。

比如，如果你害怕在公共场合吃饭，就不要总是和同一个朋友去同一家餐厅吃饭。相反，要挑战自己，和不同的人去不同的餐厅吃饭。知道自己不会在当地的电影院感到恐慌而是会舒服自在，这非常好，但你也可以试着去附近城镇的其他电影院，或者去看一场话剧、听一场音乐会。如果你正处于强迫性思考状态，那么不要只是在工作的地方纠结。当你独自在家、开车，或者与他人交流的时候，你要尝试正念，去做一个观察者。在不同的情境下尝试与不同的人群练习这些策略，最终，你会很自然地运用它们。

越是按照自己希望的方式行事，越是做以前回避做的事情，越是以平和的心态进行思考，你的新习惯就会越快养成。然后，在你意识到习惯已养成之前，就已经能自动按照这种习惯来思考做事了。

策略：尽早发现焦虑

可以这么说，在焦虑出现之初，尽早发现它，你就能在其愈演愈烈而无法收拾之前进行阻止，将它扼杀在萌芽之中，先发制人。尽早发现焦虑的一个方法是养成一个简单的习惯：进行自我反省。不要忙着一项接一项的工作，与一拨又一拨的人不停社交——而要刻意地停下来，花点时间关注自己正在经历的事情。

操作方法：

1. 每天下班回家，在进门之前先停下来，沉思片刻，自我反省。

2. 一次冲突之后，停下来，想想你的身体和心境发生了什么变化？有怎样的感受？

3. 完成一项工作之后，停下来，想想你的精神或身体可能正在发生什么变化。对自己说："我想见你。你那里发生了什么？"

刻意练习：不断调整

当你慢慢从焦虑中恢复后，你可能会发现，有一段时间你不再需要刻意地思考这些策略。你可能会觉得自己处于这个"状态"中时，能够毫不费力地处理生活中的困难。

然而，即使取得了进步，我们还是会很容易回到过去的思维和行为方式中。可以把便利贴贴在关键位置（车上、卧室镜子上），或者在电子日历上记下对你有用的策略，这样，即使在觉得不需要的时候，你也能立即看到这些策略，并且运用它们。此外，每个月在日历上设置一两次提醒，回顾本书内容和你阅读时做的笔记（即使你认为你不需要这么做！）。

操作方法：

每当完成一项目标后，想一想你使用了哪些策略来帮助自己达成目标，是否有可能将这些策略进一步拓展，帮助自己完成更大的目标。比如，也许你使用了"汇总担心时间"这一策略，并且奏效了。既然你已经发现了该策略的有效性，就要考虑以每天执行该策略为目标。或者，如果你意识到，当你感觉有压力时，使用"关注你的想法"这一策略有效果，那么就不管有没有压力，每天在开车上班的时候都可以考虑使用这个策略。

一旦整体焦虑水平下降，你可能会以新的方式来思考目标，并找到更深刻、更有意义的方式来改变生活。随着幸福感的增加，你未来的前进之路不再充满恐惧，而是充满欢乐和乐观。改变，值得你的期待！

列出"乐观"清单

重新回到关注人生大局上，因为整体上的宏观策略对保持较低焦虑水平的生活很重要。这些策略要么对你来说很有效，要么与你关心的事物有关，如积极的社交生活。下面是我的患者需要记住的一些注意事项，你也可以给自己列出一个清单。

体育锻炼

每日正念

身体健康

过最好的生活

接纳

挑战自己的想法

暴露

为你的自我与焦虑思维之间留出空间

第十二章

坚强后盾：建立支持网络

寻找一个治疗专家

这本书你可以独自阅读，也可以和治疗专家一起阅读。如果你能够坚持下去，那么你就能够从焦虑中解脱出来。然而，如果你想加快学习进程，加深自我意识，如果你没有社会支持手段，或者你已经开始使用这些策略，但并未感觉到有多少缓解或进步，那么你可以寻求心理治疗。

在某种意义上，心理治疗其实是一个小型实验室，在那里你可以和另一个人实时地尝试新方法。与你的"真实"生活不同，治疗过程是安全而且保密的，治疗专家与你的外界关系或私人生活没有任何关系。

通常，经过治疗专家的治疗，你可以非常有效地了解自己，并在治疗之外建立一个支持网络。过去的时候，尤其是在你还没有走出悲伤和创伤的时候，专家治疗会对焦虑症状非常有效。每周进行心理治疗，能帮助你跨越过去的创伤和迷茫，因为这些创伤和迷茫可能会影响你，使你无法从长时间的焦虑中走出来。

正如我们所知，焦虑常常会掩盖你可能没有意识到的或还没有走出的其他负面情绪。与治疗专家的谈话可以帮助你发现负面情绪，并找出其原因。通常情况下，当你进入治疗并开始探索更深层次的情感和问题时，焦虑就会减轻。你可能会面临其他复杂的情绪，但注意到这些情绪会大大地加快恢复进程。

必要时，尝试药物

在某些案例中，药物治疗和心理治疗的结合是减少焦虑的最佳方案。只有坚持使用本书中的策略并与执业心理健康治疗专家或临床心理学家讨论后，才能考虑进行药物治疗。如果你和你的治疗专家都认为药物治疗会有所帮助，那就可以预约精神科医生。精神科医生在药物如何影响情绪和行为方面有专业的知识背景。

如果你决定尝试药物治疗，那么要小心使用。长时间用药后，你会对其产生依赖性，你将无法实施策略，你的大脑将很难记住应对焦虑的新方法。如果停止药物，焦虑通常会卷土重来，甚至更加强烈，你立刻就会感到自己需要更多的药物。

关于具体如何用药才能减轻焦虑，你必须接受精神科医生的全面评估，才能获得准确的诊断和恰当的药物治疗方案。

团体治疗：你不孤单

团体治疗对于减轻焦虑症状非常有效。事实上，对于某些人来说，团体治疗比个人治疗更加有效。团体治疗之所以有效，是因为它挑战了我们的观念，即在痛苦中我们是只身一人，所以在某种程度上，我们很"不好"或"不如"其他人。团体治疗可以减少我们的羞耻感和孤独感，也有助于我们在继续生活的同时，接纳焦虑。

在团体治疗环境中，沟通和联系常常有助于人们探索围绕自己在社会关系中扮演的角色的自我意识。在团体中，一个人可能会扮演一个他们在现实生活中用来应对焦虑的角色，如过于友好、沉默寡言、好奇心重、滔滔不绝、不屑一顾的人。小组成员通常会反映他们注意到的角色，并相互提供反馈。因为团体治疗不是处于现实生活中，而且是保密的，所以人们进行反馈时会有安全感。他们变得更加灵活多变，甚至能在团体中扮演其他角色，最终这些表现将延伸到他们的现实生活中。

此外，当我们处于焦虑状态时，肾上腺素会发挥一定作用。想了解我们内心深处的感受很难，更不用说用语言来表达我们的感受了。然而，当我们能够与他人交谈时，焦虑通常会减轻。团体治疗是一种暴露在压力下的途径，你可能会在某些时候感到焦虑。与此同时，团体治疗不具威胁性，只是让你更善于了解自己的感受，帮助你知道自己什么时候有这种感觉，并能够自如地表达出来。

寻找支持性团体

如果你决定尝试团体治疗，并且有私人的治疗专家，可以问问你的个人治疗师他们是否知道适合你的团体。另外，在一些与心理学有关的网站上，也有"寻找支持性团体"的功能。

记住，有两种常见的团体心理治疗方法。"过程取向"的团体由一位治疗专家主持，但治疗专家通常会让小组成员主导讨论。过程取向的团体侧重于小组成员对他们正在观察、感受或想要讨论的内容的体验。

另一种"心理教育"团体也是由一位治疗专家主持，但治疗专家担任教练角色。当你想在生活或工作的某个领域获得特定技能时，心理教育团体是很有帮助的。在这种情况下，焦虑心理教育团体可能会讨论应对焦虑的具体技巧和策略。

创建焦虑小组

正如我们所知，焦虑对很多人来说都是一个非常普遍的问题。如果你正在当地寻找焦虑治疗小组，但是还没有找到，那么其他人很可能也在寻找。

如果你决定创建一个小组，那么需要仔细考虑你希望如何组织构建，你的目标群体是什么类型的成员（只有焦虑、焦虑和其他情绪问题、关系问题），以及谁将成为领导者。想一想你是否希望这是一个过程取向的团体，抑或是更像一个信息共享团体。制定团体治疗规则也很重要。比如，不与家庭成员或彼此非常了解的人建立小组通常是必要的，因为这有违匿名性和匿名带来的舒适感。团体成员之间的保密，是让成员感到安全和开放的关键，这有助于焦虑障碍患者一同进步。

后记

就像生活中的许多事情一样，寻求减轻焦虑和内心平静方面的成功需要耐心、适应能力和毅力。当然，焦虑是不愉快的，你也希望它能尽快停止。然而，习惯需要练习来形成，也需要练习来打破。善意地提醒自己，如果你觉得自己改善得没有想象中那么快，也是正常的。只是因为它需要时间，慢慢来，并不意味着你不会变好。

要根据自己的焦虑症状调整策略。一种策略可能会暂时奏效，重要的是敢于尝试新策略，这样你才能保持不断成长。随着症状的改善，焦虑可能会发生变化，表现也会有所不同。你需要调整策略并将新方法与全部所学结合起来。如果书中的策略不起作用，或者效果有限，那么可以考虑进行个人心理治疗或团体治疗。有些人也会将二者结合起来进行治疗。如果治疗本身不起作用，可以考虑将心理治疗和药物治疗结合起来。

最重要的是——无论你做什么，都不要放弃！可以允许自己一次又一次地重新开始，相信这个过程，你的努力会回报给你一个更光明的未来。